超深矿井多绳多层缠绕式
提升系统变形失谐及其控制

龚宪生 著

科学出版社
北　京

内 容 简 介

　　许多国家地表浅层的矿产资源逐步消耗殆尽,向地下更深处进行矿产资源开发是必然选择。目前,我国在超深矿井提升装备的设计和运行理论及制造方面仍处于空白,严重制约了国家深部资源开发利用战略的实施。深入研究超深矿井大型提升装备设计制造和运行的基础理论和关键技术,实现其突破十分迫切。本书的特色是针对在我国有望成为超深井提升的钢丝绳多点提升多层缠绕式组合拓扑结构提升装备面临的一些挑战进行研究。本书的主要内容有:超深井提升机卷筒结构对多层缠绕钢丝绳变形失谐的影响及其控制;绳槽结构及其布置型式对钢丝绳多层缠绕排绳运动及变形失谐的影响和控制;层间过渡装置的结构及其对变形失谐的影响和控制;圈间及层间过渡的实验研究。

　　本书研究所得的成果可以广泛应用于矿山、起重机、启闭机、升船机、深海探测、大吨位船舶绞车、航空航天发射基地吊运、油田钻井探测设备等。本书适合于在这些领域从事高等教育教学和研究、科研院所研究和设计、系统运行、维护和维修的人员学习和参考。

图书在版编目(CIP)数据

超深矿井多绳多层缠绕式提升系统变形失谐及其控制/龚宪生著. —北京:科学出版社,2021.5

　ISBN 978-7-03-068582-7

Ⅰ.①超… Ⅱ.①龚… Ⅲ.①超深井-多绳提升机-缠绕式提升机-矿井提升系统-研究 Ⅳ.①TD53

　中国版本图书馆 CIP 数据核字 (2021) 第 063213 号

责任编辑:刘莉莉 / 责任校对:彭　映
责任印制:罗　科 / 封面设计:墨创文化

科 学 出 版 社 出版

北京东黄城根北街16号
邮政编码:100717
http://www.sciencep.com

四川煤田地质制图印刷厂印刷
科学出版社发行　各地新华书店经销

*

2021年5月第 一 版　　开本:787×1092 1/16
2021年5月第一次印刷　　印张:10 1/4
字数:240 000

定价:99.00元
(如有印装质量问题,我社负责调换)

前　言

　　矿井提升装备是将矿产资源从矿井底部运送到地面，将采矿的机电设备、材料和人员运送往返于地面和井下的重大关键设备，不但要求它具有优良高效的提升能力，还需要有极高的安全性。深度在 1000m 以内的矿井，通常采用单绳缠绕式提升机或多绳摩擦式提升机就能满足要求。但是，随着全球经济和社会发展对矿物资源需求的快速增长，地球浅部矿产资源日益消耗，逐年趋于枯竭，向地下更深处进行矿产资源探测和开采，已经成为我国和许多国家的重大战略选择。世界上许多采矿先进的国家，矿井开采深度已经超过 1500m，例如南非的开采深度已达 3000m 以上，在未来 3~5 年内，我国金属、煤炭矿山将开工兴建 1000m 以上深井达 30 条。这些矿井工程在 5~8 年内预计需超深矿井提升装备 60 台套以上。我国将成为世界上超深矿井大型提升装备需求量最大的国家之一。目前，深度在 1000m 以内的矿井提升中，我国的矿井提升装备的理论、设计和制造能力很强，能满足开采提升所需。并且我国开发的提升机早已出口到巴基斯坦、赞比亚、伊朗、委内瑞拉、土耳其、朝鲜、越南等众多国家。20 世纪 90 年代我国生产的大型提升机台数已经超过国际上 ABB 和西马格两大公司在全球的总量。然而，对于矿井开采深度已经超过 1500m 的超深矿井提升，现有的单绳缠绕式和多绳摩擦式提升装备都不能满足其在提升速度、有效载荷、安全方面的要求。在国外，目前可以开发出满足矿井深度 3000m 的大型提升设备，但是绝大多数仅用于一次提升有效载荷不大的贵重金属矿石（钻石和黄金矿石）。而我国在超深井提升装备的设计和运行理论及制造方面仍处于空白，严重制约了国家深部资源开发利用战略的实施。我国深部矿产资源的有效开发和利用急需超深井提升装备，目前必须突破现有矿井(井深<1000m)提升装备设计制造和运行的基础理论和技术制约，直面超深井(井深>1500m)、高效率(提升速度≥18m/s、终端载荷≥50t/次)、高安全等带来的科学挑战，深入研究超深矿井大型提升装备设计制造和运行的基础理论和关键技术，实现超深井提升装备设计制造和运行的基础理论和技术的突破。本书针对在我国有望成为超深井提升的钢丝绳多点提升多层缠绕式组合拓扑结构提升装备面临的挑战进行研究，为这种提升装备的设计和运行提供基础理论和技术支撑。

　　本书研究的超深井提升的多点提升多层缠绕式组合拓扑结构提升装备不仅可以广泛应用于煤矿、金属和非金属矿山，而且还可以更为广泛地应用于众多领域，例如，可以应用于港口码头起重机、水利水电工程启闭机、升船机、海军深海探测绞车、水文勘测绞车、船舶上用大吨位绞车、航空航天发射基地吊运设备、建筑施工起重机、油田钻井探测设备等。

　　本书共 5 章，重点论述超深井条件下多点多绳缠绕式柔性提升系统的变形失谐机理与协同控制的科学问题，重点解决多点多层缠绕提升系统的变形差异大，同步控制困难，导致设备不能正常运行的技术挑战的相关科学和技术问题。

本书适合于以下几类专业人员：①在科研院所从事矿山设计、矿井提升机械设备设计的工程技术人员。②在高等院校从事矿山设计、矿井提升机械设备、码头和建筑起重机、水利闸门启闭机教学和科研的教学科研人员。③在科研院所从事码头起重机设计、建筑起重机设计、水利闸门启闭机设计的工程技术人员。④在码头和建筑工地从事起重机系统运行、维护和维修的工程技术人员。⑤在矿山从事矿山提升机系统运行、维护和维修的工程技术人员。⑥在海洋探测中从事起重机系统运行、维护和维修的工程技术人员。⑦从事水利系统闸门启闭机系统运行、维护和维修的工程技术人员。

本书中涉及的研究工作和本书的出版得到了国家重点基础研究发展计划(973 计划)课题"超深矿井提升系统的变形失谐规律与并行驱动同步控制研究"(课题编号：2014CB049403)的资助。我的博士研究生和硕士研究生彭霞、罗宇驰、宁显国、刘文强、吴水源、张骁和李晓光等参与了课题研究并做出了贡献。

本书内容涉及的试验研究过程得到了中信重工机械股份有限公司邹声勇副总和李济顺教授的大力支持，在此表示衷心的感谢。

本书在出版过程中得到了科学出版社刘莉莉等编辑的大力帮助，在此表示衷心的感谢。

超深井提升的钢丝绳多点提升多层缠绕式组合拓扑结构提升装备的相关研究在我国刚刚起步，由于作者水平所限，书中难免有不足之处，谨请广大读者，特别是在科研设计院所、高等院校、中职院校、技工学校和厂矿企业从事矿井提升机、码头和建筑起重机、水利闸门启闭机研究、设计、制造以及现场系统运行、维护和维修的同行和专家给予评价和指正。

目　　录

第1章 绪 论

1.1 超深矿井大型提升装备在国家深部资源开发
战略中的地位和作用

矿产资源是各国重要的战略资源。随着全球矿产资源的消耗以及经济和社会发展对矿物资源需求的快速增长,浅部矿产资源逐年减少和枯竭,向地下更深处进行矿产资源探测、开发和开采,已经成为我国和许多国家的重大战略选择。为满足我国国民经济和社会发展的需求,国家制定了《国家中长期科学和技术发展规划纲要(2006—2020年)》,在重点领域——"能源"中,优先主题——(2)"煤的清洁高效开发利用、液化及多联产"提出,"重点研究开发煤炭高效开采技术及配套装备"[1]。煤炭作为我国的主要能源,分别占一次能源生产和消费总量的76%和69%。随着煤炭工业经济增长方式的转变,以及煤炭用途的拓展,煤炭的战略地位凸显。在我国,煤炭总产量80%以上来自井下开采,靠井工提升。金属矿山90%以上需井工作业。在矿山行业内,一般定义深度超过800m的矿井为深井,深度超过1000m的矿井为超深矿井[1,2]。目前我国大多数煤井都是浅井,井深至地面多为500~800m,深部资源开发(1000m以上)是经济发展的必然趋势。煤炭资源埋藏深度在1000~2000m的约占总储量的53%[2],我国固体矿产勘查深度整体达到2000m,探明的资源储量在现有基础上翻一番。例如我国东部肥城矿业集团的曹县煤田、河北邯邢交界储量35亿t的大煤田,埋深在1200~2000m;西部地区哈密三塘湖煤田埋深1000~2000m的储量达650亿t[3]。金属矿山"十二五"期间千万吨级矿山的开发和建设也已启动,开采深度大多在1200m以上,部分要达到1800m以上。未来3~5年,我国金属、煤炭矿山将开工兴建1000m以上深井达30条。这些矿井工程在5~8年内预计需超深矿井提升装备60台套以上,总价值超过120亿元。我国将成为世界上超深矿井大型提升装备需求量最大的国家之一[3-6]。

矿井提升装备是将矿产资源从矿井底部运送到地面,将机电设备、材料和人员往返地面和井下的重大关键设备,不但要求它具有优良高效的提升能力,还需要有极高的安全性。南非的开采深度已达3000m以上,目前我国的开采深度也已达到1500m。例如山东三山岛金矿1号和2号明井均达到2005m,云南会泽铅锌矿3号井深达到1526m。深井开采及运输问题已经受到国家领导人和许多学者的关注。

目前我国在1000m以内矿井提升中矿井提升装备的理论、设计和制造方面的能力很强,能满足开采提升所需。并且我国开发的提升机已经出口到巴基斯坦、赞比亚、孟加拉、伊朗、委内瑞拉、土耳其、朝鲜、越南等众多国家。20世纪90年代我国生产的大型提升机台数已经超过国际上两大公司 ABB 和西马格在全球的总量。

对于井深超过 1500m 的超深井，如果采用传统的单绳缠绕式提升机，在保证提升能力和效率的前提下，需要设计直径巨大的卷筒和直径更大的钢丝绳，这样造成制造困难及运行成本成倍增加，系统可靠性和安全性降低。而采用多绳摩擦式提升机，其提升钢丝绳的交变应力幅过大，导致过早疲劳，钢丝绳的使用寿命大大降低，随着井深的增加，其提运的有效载荷会越来越小，系统可靠性和安全性降低。因此现有的单绳缠绕式和多绳摩擦式提升装备都不能满足超深井提升高速、重载、高效、高安全性的要求。在国外，目前可以开发出满足矿井深度 3000m 的大型提升设备，但是绝大多数仅用于有效载荷不大的贵重金属钻石矿石和黄金矿石等提升。而我国在超深井提升装备的设计和运行理论及制造方面仍处于空白，制约了国家深部资源开发利用战略的实施。国务院《装备制造业调整和振兴规划》中提出，产业调整和振兴的主要任务是要依托十大领域重点工程，振兴装备制造业，在第三大任务"煤矿与金属矿采掘"方面，要"以平朔东、胜利东二号、白音华、朝阳等十个千万吨级大型露天煤矿，酸刺沟等十个深井煤矿，以及大型金属矿建设为依托，大力发展新型采掘、提升、洗选设备"。我国深部矿产资源的有效开发和利用急需超深井提升装备，目前必须突破现有矿井（井深<1000m）提升装备设计制造和运行的基础理论和技术制约，直面超深井（井深>1500m）、高效率（提升速度≥18m/s、终端载荷≥50t/次）、高安全等带来的科学挑战，深入研究超深矿井大型提升装备设计制造和运行的基础理论和关键技术，实现超深井提升装备设计制造和运行的基础理论和技术的突破。本书针对在我国有望成为超深井提升的钢丝绳多点提升多层缠绕式组合拓扑结构提升装备面临的挑战进行研究，为这种提升装备的设计和运行提供基础理论和技术支撑。

本书研究的超深井提升的多点提升多层缠绕式组合拓扑结构提升装备不仅可以广泛应用于煤矿、金属和非金属矿山，而且还可以更为广泛地应用于众多领域，例如，可以应用于港口码头起重机、水利水电工程启闭机、升船机、海军深海探测绞车、水文勘测绞车、船舶上用大吨位绞车、航空航天发射基地吊运设备、建筑施工起重机、油田钻井探测设备等[7,8]。

1.2　超深井提升装备研发面临的科学和技术问题

矿井提升系统是集机、电、液一体化的大型复杂装备，是矿物资源开采中连接地面与地下的"咽喉设备"。矿物、人员、设备和材料在地面与地下间的运输都是通过矿井提升装备实现的，矿山对提升装备的效率和安全性要求极高。

矿井提升机可以分为斜井提升机和立井提升机。斜井提升机提升能力较小，由于提升钢丝绳在工作过程中与托辊接触，钢丝绳磨损较快，提升效率低，一般作为副井提升系统使用，产量较小的矿井也兼作提煤的主井提升系统。立井提升机按照提升钢丝绳的工作原理和方式一般可以分为：单绳缠绕式提升机和多绳摩擦式提升机。由于立井提升机提升能力大，其在生产中应用比较普遍。

　　我国现有 800m 以浅立井提升装备有单绳缠绕式和多绳摩擦式两种，前者靠钢丝绳缠绕提升，如图 1.1 所示。后者是靠钢丝绳与卷筒摩擦垫之间的摩擦力提升，如图 1.2 所示。

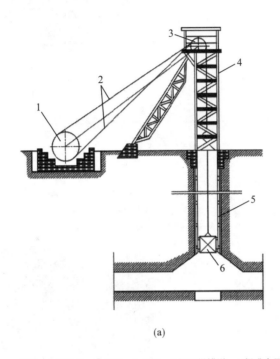

(a)

1-卷筒；2-钢丝绳；3-天轮；4-井架；5-钢丝绳罐道；6-提升容器

 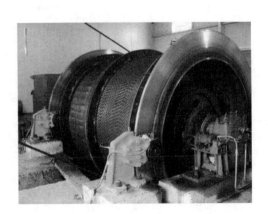

(b)

图 1.1　单绳缠绕式提升机

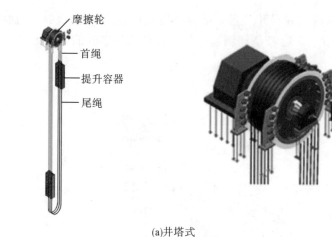

(a)井塔式

(b)落地式

1-摩擦轮；2-首绳；3-提升容器；4-尾绳；5-导向轮

图 1.2　多绳摩擦式提升机

　　单绳缠绕式提升机主要由提升卷筒、钢丝绳、天轮和提升容器构成，其载荷包括物料、容器和钢丝绳自重等。单绳缠绕式提升机工作原理比较简单，钢丝绳的一端绕过井架天轮固定在提升容器上，另一端固定在卷筒上，通过卷筒的正反转使钢丝绳缠绕或脱离卷筒来实现物料的提升或下放工作。这种提升机在我国矿山中使用比较普遍，占的比重很大。随着提升高度的增加，钢丝绳长度也增加，造成提升装备钢丝绳自重急剧增加，通过牺牲有效提升载荷来满足提升要求。当提升的终端载荷达到 100t(容器和物料各 50t)，提升高度从 800m 增加到 1000m 时，钢丝绳直径将成倍增大，从常用的 60mm 增加到 120mm 以上，钢丝绳自重也会急剧增大，从 50t 增加到 140t，天轮处钢丝绳受到的最大载荷达到 240t。根据《煤矿安全规程》，卷筒和天轮的直径与钢丝绳直径之比应大于等于 80，此时卷筒直径至少达到 10m，卷筒的宽度也将从 4m 增加到 8m 以上，卷筒尺寸成倍增加；钢丝绳的缠绕层数从 1～2 层增加到 3 层以上，缠绕层数过多极容易造成乱绳；而钢丝绳直径大于 120mm 时对于制造、安装和缠绕都较为困难，提升装备的制造及运行成本会成倍增加。

因此，从工程适用性角度看，单绳缠绕式提升机不适用于超深矿井重载提升。

多绳摩擦式提升机是靠钢丝绳与卷筒摩擦垫之间的摩擦力提升，主要由摩擦轮、首绳、尾绳、导向轮和提升容器组成，通过钢丝绳和摩擦轮之间的摩擦力实现物料的提升和下放，其原理图如图 1.2 所示。摩擦式提升机的载荷主要包括物料、容器、首绳和尾绳等，这些载荷使钢丝绳和摩擦轮之间存在合适的正压力(比压)，使钢丝绳受到足够的摩擦力来提升或下放物料。虽然尾绳可以在一定程度上减小提升机运行过程中的驱动转矩，但会造成首绳的张力随提升高度的变化而交替变化。与提升容器相连处的钢丝绳在井口处时应力达到最大，而在井底处应力最小，从而导致钢丝绳产生大幅度的应力波动。而应力波动将严重影响钢丝绳的使用寿命，为了保证钢丝绳的使用寿命，要求钢丝绳中的应力波动值小于等于 165MPa 或不超过钢丝绳破断应力的 11.5%，按照该要求，摩擦式提升机的理论提升高度的最大值为 1700m 左右[2,4,6]。由于受摩擦衬垫材料强度和耐磨性能的限制，首绳和摩擦轮衬垫之间的比压不能超过 3MPa。随着提升高度的增加，比压也随之增大，当比压超过 3MPa 时，只能通过降低有效提升载荷来降低提升总重量从而保证比压不超过 3MPa。同时，提升高度增加导致尾绳长度增加，造成钢丝绳的交变应力幅值也增大，钢丝绳疲劳损伤加剧，使用寿命降低。当提升高度达到 2000m，以 20m/s 的速度提升时，钢丝绳的自重将达到 400t，有效提升载荷趋于 0。因此，由于比压的限制和尾绳过重导致的钢丝绳过大的应力波动，摩擦式提升机理论上无法实现超深井高速大载荷提升。

由于多绳摩擦式提升机会导致钢丝绳应力波动过大并且受到比压的限制，单绳缠绕式提升机需要直径很大的钢丝绳，同时卷筒直径和宽度也急剧增大，因此，多绳摩擦式提升机和单绳缠绕式提升机均不适用于超深矿井重载提升。为了实现超深矿井的超高速、重载荷、高效率、高安全提升，必须在现有的提升装备基础上，实现理论和技术突破，才能设计制造出适用于超深矿井提升的提升装备。因此，提出新的结构型式的高效提升装备型式是目前解决超深矿井提升的有效方案。目前的技术思路是将矿井提升装备结构巨大、制造困难的难题转换为多点同步组合结构设计的复杂性与协同控制的精准性问题，实现超深井经济高效提升，如图 1.3 所示。

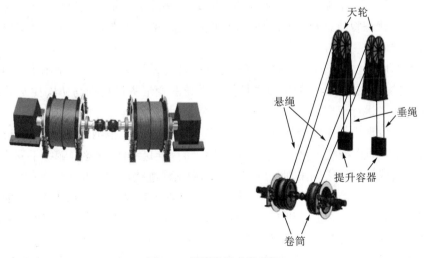

图 1.3　多绳缠绕式提升机

多绳缠绕式提升面临三个挑战。挑战 1：高速重载，需解决动载荷巨大条件下，提升结构的可制造性与空间布置可行性；挑战 2：钢丝绳多层稳定缠绕，需实现高速重载条件下多层多绳平稳缠绕及圈间和层间有序过渡；挑战 3：多点同步提升，需实现多点提升变惯量系统的位置与张力同步控制，保证运行安全。

目前国际上没有多绳缠绕式重载超深井提升机应用，有的是超深井中小载荷的贵重矿物提升，例如南非 Kloof 矿在用多绳缠绕式提升机时，提升高度 2000m，提升速度 18m/s，有效载荷 31t；没有多绳缠绕式提升机设计理论及方法的公开资料。我国没有多绳缠绕式提升机相关设计标准及规范，没有能力进行超深井条件下缠绕式提升机的开发和应用。

超深井条件下多绳缠绕式提升机动载荷巨大，承载结构使用寿命大幅降低的技术挑战提出了大扰动强时变刚柔耦合机理、动载荷规律与结构拓扑优化的科学问题。多点提升系统的变形差异大，同步控制困难，导致设备不能正常运行的技术挑战提出了多点柔性提升系统的变形失谐机理与协同控制的科学问题。高速运行，复杂工况破坏运行平稳性，严重威胁安全运行的技术挑战提出了变惯量时滞系统运行失稳机制与状态识别的科学问题。

以上三个科学问题的研究和解决需要达到的理论目标是：①揭示多自由度、大尺度、强时变柔性提升系统纵振、横振和扭振机理及非定常冲击行为的发生、增强、衰减和在超长界面中的传播规律，形成高速运行条件下超深矿井提升系统钢丝绳动载荷预测、均衡和抑制模型。②揭示绳槽型式、过渡曲面形状产生缠绕误差运动的机理和多点驱动柔性提运系统高速缠绕运动误差的成因、传播形式和失稳机理，形成柔性多点驱动系统变形失谐规律及多点驱动柔性同步协调控制模型。③揭示多场耦合下超深矿井大型提升装备全状态参量与服役行为的映射关系，获得强时滞下同源、非同源弱关联信息智能感知、融合和预测规则，形成多执行器多目标协调状态传递规律及安全运行动态控制策略。相应需要达到的技术指标是：①提出超深矿井提升系统多点组合拓扑结构设计方法，主要技术指标为提升高度 1500m 以上、提升速度 18m/s 以上、终端载荷 240t 以上、提升装备整机设计寿命 30 年、钢丝绳张力差异小于 10%、制动系统工作循环大于 2.0×10^6 次。②掌握排绳绳槽分布、绳间及层间过渡装置曲面设计技术，形成刚柔机构运动同步技术，建立一体化设计、仿真试验平台。③形成提升装备安全运行的动载荷均衡和冲击抑制装置设计技术。④构建超深矿井提升装备状态智能感知与预测系统，形成超深矿井提升装备的多执行器多目标协调安全运行控制技术。

由于篇幅所限，本书仅仅对多点提升系统的变形差异大，同步控制困难，导致设备不能正常运行的技术挑战提出的多点柔性提升系统的变形失谐机理与协同控制的科学问题及其相关的技术进行研究。

笔者研究发现由于多绳缠绕式提升机的提升钢丝绳为多根钢丝绳，卷筒上设置多个缠绳区，钢丝绳之间在缠绕过程中，由于多种因素的影响会出现钢丝绳缠绕不同步，而出现缠绕误差，造成钢丝绳之间出现长度差。引起钢丝绳缠绕不同步和长度差的主要原因有：①钢丝绳材料、制造等造成钢丝绳力学性能不同、直径有误差，在相同拉力下多根同一种钢丝绳间出现长度差；②提升机双卷筒的圆度误差、圆柱度误差、筒壁厚度误差、支撑结构不合理等导致卷筒变形不一致引起提升钢丝绳在卷筒上的缠绕误差；③卷筒绳槽参数的设计不合理、制造误差，缠绕过程中钢丝绳和绳槽的摩擦磨损，多层缠绕钢丝绳间的挤压变形造成的缠绕误差；④提升钢丝绳在层间过渡和圈间过渡期间的不同步造成排绳误差；⑤卷筒绳槽圈间过渡区长度设计不合理，导致钢丝绳在圈间过渡期间不同步造成缠绕半径不同而引起缠绕钢丝绳加速度误差引起的振动造成排绳误差；⑥层间过渡装置的设计不合理、制造安装误差引起缠绕误差使钢丝绳在层间过渡期间不同步造成缠绕半径不同而引起缠绕钢丝绳加速度误差引起的振动造成排绳误差；⑦钢丝绳在层间过渡和圈间过渡期间的不同步造成缠绕半径不同引起缠绕钢丝绳加速度误差引起的振动造成排绳误差；⑧由于提升钢丝绳长度大，缠绕过程中钢丝绳受井筒中空气扰动，提升系统受到摩擦力、罐道柔性等因素的耦合影响时，会引起电机系统的振动，由此会引起高速运行的提升机的振动冲击进而导致钢丝绳动载荷增大，从而引起缠绕不平稳，缠绕不同步。由此知道，在高速重载提升过程中的多绳缠绕式提升机，由于多种因素，多根（或两根）钢丝绳间会出现长度差异，长度差会引起钢丝绳间出现张力差。为此，本书定义：由于多种因素，多点柔性提升系统在运行过程中，多根（或两根）钢丝绳间会出现长度差异，长度差会引起钢丝绳间出现张力差，张力差过大，存在导致其中一根钢丝绳断绳的可能，进而引起提升容器坠落等重大安全事故，称其为"多绳（或双绳）间提升钢丝绳变形失谐"，简称"钢丝绳变形失谐"。钢丝绳变形失谐直接影响提升安全性。因此，为了保证提升钢丝绳能平稳缠绕，必须解决上述问题。

主要参考文献

[1] 洪伯潜. 我国深井快速建井综合技术[J]. 煤炭科学技术, 2006, 34(1), 8-11.

[2] 彭霞. 超深矿井提升机多层缠绕机理与圈间过渡设计理论[D]. 重庆: 重庆大学, 2018.

[3] 罗宇驰. 超深矿井提升机卷筒及钢丝绳变形失谐分析及优化[D]. 重庆: 重庆大学, 2016.

[4] 刘劲军, 邹声勇, 张步斌, 等. 我国大型千米深井提升机械的发展趋势[J]. 矿山机械, 2012, 40(07): 1-6.

[5] 胡社荣, 彭继荣, 黄灿, 等. 千米以上深矿井开采研究现状与进展[J]. 中国矿业, 2011, 20(7): 105-110.

[6] 刘劲军, 张步斌, 杜波, 等. 国内提升机在深井提升中的应用前景浅析[J]. 矿山机械, 2011(10): 38-42.

[7] 吉罗多 A M, 斯帕格 E N, 周叔良. Blair 多绳提升系统在南非的应用[J]. 国外金属矿山, 1996, 21(01): 57-64.

[8] 阎丽芬, 王礼友. 解决高扬程大启闭力启闭机最佳方案[J]. 水利电力机械, 2004, 26(04): 29-31.

第 2 章　超深井提升机卷筒结构对多层缠绕钢丝绳变形失谐的影响及其控制

2.1　超深井提升机卷筒结构

2.1.1　矿井提升装备概述

矿井提升机是矿山生产中最重要和最关键的设备之一，主要用于煤矿、金属矿及非金属矿提升矿物(煤炭、矿石)、矸石，以及提升和下放人员、运输材料和设备。它是联系井上和井下最重要的交通运输工具。矿井提升机的性能优劣，不仅直接影响到矿井生产效率和安全，而且也与乘坐人员的生命安危直接相关。

矿井提升机主要由电机带动机械设备，机械设备带动钢丝绳，从而进一步带动提升容器在井筒中升降，完成输送任务。现代的矿井提升机已发展成为电子计算机控制的集机、电、液一体化的大型复杂装备。矿井提升系统主要由减速器、主轴装置(含主轴、卷筒或摩擦轮)、钢丝绳、天轮(或导向轮)、提升容器(罐笼或箕斗)、井架或井塔以及装、卸载设备系统、防坠装置、钢丝绳导向系统、张力均衡系统、井筒罐道和井口设施、液压及制动系统、深度检测及指示系统、测速限速系统、防过卷保护系统和操纵系统、交流或直流电机驱动及控制系统等多个系统和装置组成[1,2]，实现复杂环境条件和多场耦合极端服役环境中的自动化作业。

矿井提升机的种类有几种。按用途分有主井提升机、副井提升机；按传动方式分有电动机传动、液压马达传动；按钢丝绳的工作原理分有缠绕式提升机、摩擦式提升机。其中缠绕式提升机又分为单筒圆柱形卷筒和双筒圆柱形卷筒。单筒只有一根钢丝绳，连接一个容器。双筒的每个卷筒各配一根钢丝绳连接一个提升容器，卷筒运转时一个容器上升，另一个容器下降。摩擦式矿井提升机的提升钢丝绳搭挂在摩擦轮上，利用钢丝绳与摩擦轮衬垫之间的摩擦力使搭挂在摩擦轮上的钢丝绳带动提升容器运动。摩擦式矿井提升机根据布置方式分为井塔式摩擦矿井提升机(机房设在井筒顶部塔架上)和落地式摩擦矿井提升机(机房直接设在地面上)两种。

目前我国设计、制造和使用的提升机主要有两大类：单绳缠绕式和多绳摩擦式，如第1章中图 1.1 和图 1.2 所示。

2.1.2　单绳缠绕式和多绳摩擦式矿井提升机及其结构

单绳缠绕式提升机由电动机通过减速器驱动卷筒旋转，钢丝绳一端固定在卷筒上，另一端经卷筒的缠绕后，通过井架上的天轮悬挂提升容器。随着卷筒旋转，实现提升容器提升或下放。缠绕式提升机的主轴装置分为单筒主轴装置和双筒主轴装置两种，单筒主轴装置如图 2.1 所示。主轴承用于支承主轴、卷筒及其他载荷。左轮毂与主轴为滑动配合，轮毂上装有油杯，有轮毂压配在主轴上，并用强力切向键与主轴固定，卷筒与右轮毂的连接采用精密配合螺栓，卷筒与左轮毂的连接采用数量各一半的精密配合螺栓和普通螺栓[2]。

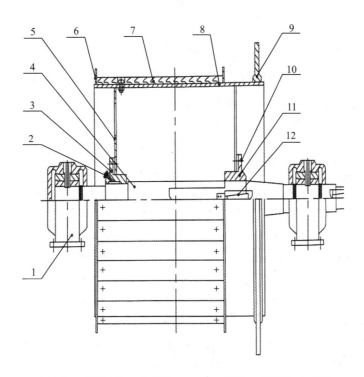

1-主轴承；2-润滑油杯；3-左轮毂；4-主轴；5-腹板；6-挡绳板；7-木衬；

8-卷筒；9-制动盘；10-精制螺栓；11-右轮毂；12-切向键

图 2.1　单筒主轴装置

双筒主轴装置如图 2.2 所示，有固定和游动两个卷筒。固定卷筒(简称固筒)装在主轴的传动侧，与轮毂的连接与单筒主轴装置相同。固筒左支轮与固定卷筒间采用数量各一半的精密配合螺栓和普通螺栓，固筒右支轮与固定卷筒间采用精密配合螺栓。游动卷筒(简称游筒)装在主轴的非传动侧，游筒右支轮为两半结构，通过两半筒瓦滑装在主轴上，用油杯干油润滑。左腹板上用精制配合螺栓固定着调绳离合器内齿圈，游筒左支轮压配在主轴上，并通过强力切向键与主轴连接。调绳离合器的作用是将游动卷筒与主轴连接或脱开，使游动卷筒与固定卷筒同步转动或做相对运动，以便调节绳长或更换水平[2]。

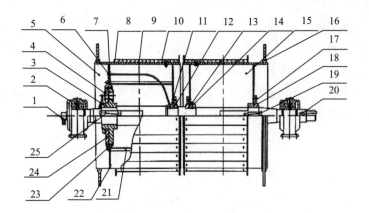

1-密封头；2-主轴承；3-游动卷筒左轮毂；4-齿轮式调绳离合器；5-游动卷筒；6-润滑油杯；7-尼龙套；8-挡绳板；

9-筒壳；10-木衬；11-轴套；12-精制螺栓；13-固定卷筒左轮毂；14-润滑油杯；15-固定卷筒；16-制动盘；17-精制螺栓；

18-固定卷筒右轮毂；19-切向键；20-主轴；21-角钢；22-腹板；23-内齿轮；24-外齿轮；25-切向键

图 2.2　双筒主轴装置

　　由第 1 章知道，要实现 1500m 超深井提升，提升速度 18m/s 以上、终端载荷 240t，单绳缠绕式提升机所需钢丝绳直径将达到 120mm，导致钢丝绳制造难度很大，也因自重的增加和柔性的降低等难以在卷筒上顺利缠绕。同时，为控制钢丝绳的弯曲应力水平，卷筒直径也必须从 6m 增大到 12m 以上，卷筒的宽度也要增加到 8m 以上，钢丝绳的缠绕层数也须从 1~2 层增加到 3~6 层甚至更多，制造及运行成本会成倍增加[3]，因此超深井提升要同时保证生产效率和安全，采用单绳缠绕式提升不具有工程适用性。

　　多绳摩擦式提升机工作原理与缠绕式提升机不同，提升钢丝绳不是缠绕在卷筒上，而是搭在摩擦轮的摩擦衬垫上，钢丝绳两端各悬挂一个提升容器，借助于安装在摩擦轮上的衬垫与钢丝绳之间的摩擦力来带动钢丝绳实现容器在井筒中的上下运动，从而完成提升或下放重物的任务，如图 1.2 所示。摩擦式提升机的载荷主要由物料、容器、钢丝绳首绳和平衡绳(尾绳)等构成，钢丝绳和摩擦轮之间存在合适的正压力(比压)保证了足够的摩擦力来提升或下放重物。同时尾绳会造成首绳中的张力随容器位置的变化而交替变化(交变应力幅)。随着井深的增加，首绳和尾绳的长度及自重增加，使得首绳和摩擦轮衬垫之间的比压加大。由于摩擦衬垫材料强度和耐磨性能的限制，首绳和摩擦轮衬垫之间的比压应当限制在小于 3MPa 的水平[3,4]，否则只能依靠降低物料重量保证比压，由此牺牲了提升能力。更严重的是由于尾绳长度的增加，提升钢丝绳的交变应力幅值增大，加剧了提升钢丝绳的疲劳损伤，钢丝绳的疲劳寿命大大降低，因此超深井重载提升采用多绳摩擦式也不具有工程适用性。多绳摩擦式提升机主轴装置如图 2.3[2]所示。

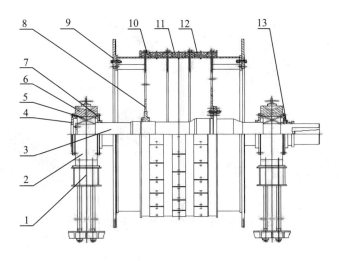

1-轴承梁；2-轴承座；3-主轴；4-轴承端盖Ⅰ；5-轴承；6-轴承盖；7-轴承端盖Ⅱ；

8-摩擦轮；9-半制动盘；10-摩擦衬垫；11-固定块；12-压块；13-轴承端盖Ⅲ

图 2.3　多绳摩擦式提升机主轴装置

2.1.3　超深矿井提升机及其结构

由前述可知采用现有单绳缠绕式和多绳摩擦式提升装备都不适用于 1500m 及其以上超深井的重载、高效和安全提升。当然可以通过降低提升能力及降低有效载荷来满足对于小载荷贵重矿物深井提升的需求，目前在国外已有应用[4]。

为实现我国深部资源的有效开发和利用，用于超深井的矿井提升装备必须突破现有矿井提升装备设计制造和运行的基础理论和技术制约，直面超深井、重载荷、高效率、高安全等带来的科学和技术挑战。采用多钢丝绳的多点柔性提升组合拓扑结构有望成为超深井重载提升装备的有效型式，如图 2.4 所示。它与传统矿井提升装备的不同在于：双卷筒的每个卷筒上有两个或多个缠绳区，两根或多根钢丝绳分别多层缠绕于各缠绳区上，并绕过天轮来同步高速提升重载容器及其载荷。多点组合提升拓扑结构型式需要从卷筒单缠绳区增加到卷筒多缠绳区、单绳缠绕增加到多绳缠绕、单层缠绕增加到多层缠绕。受钢丝绳特性差异、卷筒结构、钢丝绳稳态及动态变形、钢丝绳缠绕运动误差等多种因素的影响，多点柔性提升的组合拓扑结构的提升装备在运行过程中必然产生钢丝绳间的运动不同步，又由于运行过程中的振动和冲击，导致钢丝绳间的张力差增加，可能造成提升系统不能正常工作，钢丝绳磨损，断丝也增加。当钢丝绳间的张力差超过其极限值时，其中一根钢丝绳所受张力超过其破断力时，就会造成断绳等重大设备毁坏和人员坠亡事故。因此，要实现具有多根钢丝绳的多点提升组合拓扑结构，必须减小多点提升系统的变形差异并实现同步控制。经研究发现，影响钢丝绳多层缠绕和系统变形失谐的主要因素有：提升机主轴装置结构、绳槽类型和布置方式、层间过渡方式及过渡装置的结构和几何参数、圈间过渡方式及圈间过渡区的长度和两过渡区布置的角度、提升速度和加速度、钢丝绳的内外偏角值、钢丝绳的结构、钢丝绳的使用及维护等，这些因素对钢丝绳排绳、钢丝绳寿命、振动等起着重要作用[5,6]。本书将对其中一些相关内容进行深入研究。

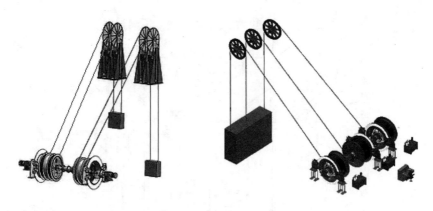

图 2.4 多绳缠绕式提升机

2.2 卷筒结构对多层缠绕双钢丝绳变形失谐的影响及其控制

2.2.1 引言

单绳缠绕式矿井提升机在提升过程中，钢丝绳缠绕在卷筒上，随着提升高度的变化，钢丝绳沿卷筒轴向缠绕移动，钢丝绳拉力对卷筒和主轴而言是变载荷，此载荷随提升高度和钢丝绳在卷筒上的位置变化而变化。钢丝绳在卷筒上的出绳位置很大程度上决定了卷筒和主轴的受力和变形。目前，单绳双筒缠绕式提升机，国内外一般采用固定卷筒的钢丝绳在卷筒上侧出绳，游动卷筒的钢丝绳在卷筒的下侧出绳。两卷筒均采用右出绳口位置，即出绳口靠近减速器一侧。也有资料建议，对于双筒提升机，根据提升高度确定钢丝绳的缠绕层数在 1.25~2.25 时，为避免提升过程中两卷筒的钢丝绳过分集中在主轴的中部使得主轴受力状态恶化，应使用左侧(即靠近游动卷筒一侧)的出绳口，其余情况使用右侧出绳口。游动卷筒一般使用左侧出绳口。但是对于出绳口位置的选择依据、设计方法等方面的相关研究和文献很少。到底如何选择两个卷筒的出绳口更有利于减小主轴和卷筒的变形以及更有利于钢丝绳排绳，需要采用更科学更有效的方法进行研究。对于超深矿井多钢丝绳缠绕的多点提升组合拓扑结构更是如此，因为两个卷筒的四个绳区的四根钢丝绳的出绳口位置的选择不同，直接影响主轴和卷筒的受力和变形，进而影响系统的变形失谐。

2.2.2 卷筒出绳口位置对主轴受力和变形的影响

对于超深井提升，双卷筒多绳多层缠绕式提升机应该是满足超深井提升的最合适的设备，卷筒作为提升钢丝绳的容绳载体，在每个卷筒上一般布置有左右两个缠绳区，每个缠绳区安装有一根钢丝绳。钢丝绳经卷筒上的出绳口分别缠绕在各自缠绳区的平行折线绳槽中，如图 2.5 所示。

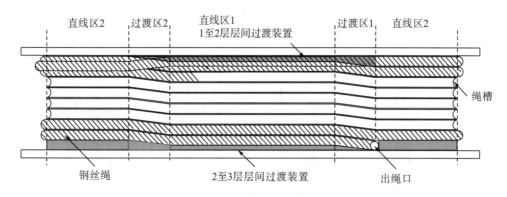

图 2.5　平行折线绳槽展开图

钢丝绳拉力等载荷均通过卷筒及其腹板或轮毂传递给主轴。每个缠绳区一般设有左右两个出绳口可供选择，钢丝绳从不同的出绳口出绳后缠绕在平行折线绳槽中，在提升过程中其缠绕秩序就会不同，绳槽、卷筒及天轮和主轴受力等亦不同。主轴作为提升系统的核心部分，其使用寿命以及承载能力关系到提升系统的安全可靠运行，所以对于出绳口位置的选择设计是主轴和卷筒结构设计中重要的环节。故探讨钢丝绳的出绳型式具有重要的理论及现实意义。目前，国内外对主轴的强度、刚度，卷筒结构应力应变以及钢丝绳平稳过渡等做了一些研究，但涉及钢丝绳出绳型式方面的研究极少。

本节针对不同出绳口位置，拟通过研究，建立提升过程主轴力学模型，推导出适用于多种工况的变载荷通用计算公式，分析提升机运行过程中每缠绕一圈钢丝绳时主轴实时受载情况，并结合 MATLAB 编写程序进行数值求解，再利用 Workbench 仿真验证其正确性，以此探讨在多层缠绕下钢丝绳的最佳出绳型式，为超深矿井提升机出绳型式的选择提供理论参考，以使得双绳多层缠绕情况下，提升机主轴和卷筒受力合理、变形合理，更有利于控制两根提升钢丝绳的变形失谐。

2.2.2.1　建立主轴力学模型和数学模型

对于多绳缠绕式提升机，两钢丝绳的不同步会导致两绳长度不同从而引起两绳间的张力差，从而影响到提升系统的安全可靠运行。若两绳区一左一右出绳，绳偏角的不同会增加钢丝绳的不同步性，并且同一卷筒需要制造两套不同的绳槽和过渡装置，其卷筒的圆度、圆柱度等制造误差以及安装误差亦会增加不同步性，同时两钢丝绳缠绕至绳区中间位置时会增加对主轴的受力作用，影响主轴的使用寿命。所以，为降低主轴受力，直观认为同一卷筒两绳区出绳型式选择同左或同右为最佳。

通常，作用于提升机主轴上的正常载荷分为恒定载荷和变载荷[5]。恒定载荷包括安装在主轴上各零件的自重以及主轴自重，变载荷包括提升(下放)过程中缠绕在卷筒上钢丝绳的绳重、钢丝绳的拉力及其引起的扭矩。这些载荷均通过卷筒及其腹板或轮毂传递给主轴。

首先讨论钢丝绳拉力。图 2.6 为中信 2JKD-8X4.2 双绳缠绕式提升机的主轴装置模型，左右卷筒均缠有两根钢丝绳，缠绕过程中卷筒及钢丝绳会发生微小变形[6-9]，由于卷筒直径远远大于其变形量以及钢丝绳重力的方向始终向下，并考虑到主动控制装置对钢丝绳张力平衡的作用[10]，故计算时先忽略卷筒筒壳和钢丝绳的变形及两钢丝绳间的张力差。

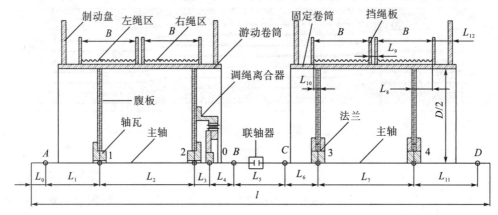

图 2.6   双绳缠绕式提升机主轴装置示意图

提升时两钢丝绳拉力：

$$2T_1 = S_{01} - Hpg + \frac{1}{2}(K-1)Q_0 g + (S_{01}/g - Hp + l_s p + W_t)a_0 \qquad (2.1)$$

下放时两钢丝绳拉力：

$$2T_2 = S_{01} - S_{02} + Hpg - \frac{1}{2}(K-1)Q_0 g - [(S_{01} - S_{02})/g + Hp + l_s p + W_t]a_0 \qquad (2.2)$$

式中，S_{01} 为钢丝绳最大静张力；S_{02} 为钢丝绳最大静张力差；H 为提升(或下放)钢丝绳长度；g 为重力加速度；p 为钢丝绳单位质量；K 为阻力系数；Q_0 为一次提升量；l_s 为悬绳长度；W_t 为天轮变位质量；a_0 为提升(下放)加速度。

其次讨论主轴轴段扭矩。卷筒在轴上的固定方式影响扭矩在轴上的分配。图 2.6 中左卷筒为游动卷筒(即游筒)，通过轴瓦滑装在轴上，由调绳离合器传递扭矩；右卷筒为固定卷筒(即固筒)，通过高强度螺栓与主轴段处的法兰连接。两卷筒主轴两端采用双电机驱动，故调绳离合器装于游筒靠近联轴器端，主要是为安装、布置和调绳方便。故可知游筒提升时轴段扭矩 $M_{0\text{-}3}$、$M_{4\text{-}}$ 如式(2.3)、式(2.4)所示，同理易求游筒下放时轴段扭矩。

$$M_{0\text{-}3} = [2T_1 + (G_y + M_y)a_0]D/2 \qquad (2.3)$$

$$M_{4\text{-}} = [2(T_1 - T_2) + (G_y + G_g + M_z)a_0]D/2 \qquad (2.4)$$

式中，G_y、G_g 为游筒、固筒上所缠钢丝绳质量；M_y 为游筒变位质量；M_z 为主轴装置变位质量；D 为卷筒直径。

再次讨论变载荷计算通式。为了更准确地计算出缠绕(下放)过程中钢丝绳自重及拉力对主轴的作用力，在此以游筒提升左绳缠绕 4 层作详细分析，并将已缠绕钢丝绳绳重分为死绳圈绳重和活绳圈绳重，左右绳区钢丝绳拉力相等。

(1)缠绕第 1 层。如图 2.7(a)所示，钢丝绳缠绕第 1 层时，钢丝绳重力为 G_1，在截面处作用力 P_{12}、P_{22} 计算式如下：

$$\begin{cases} G_1 = [H_s + (N_f + N)\pi D_1]pg \\ P_{12} + P_{22} = 2G_1 \\ P_{22}l - G_1[(N_f + N + H_s / \pi D_1)(d + \varepsilon) - L_8 + S_0] = 0 \end{cases} \tag{2.5}$$

式中，H_s 为试验钢丝绳长度；N_f 为摩擦圈数；N 为钢丝绳提升圈数；D_1 为钢丝绳缠绕第一层绳圈处缠绕直径；d 为钢丝绳直径；ε 为绳槽间隙；$S_0 = B + L_9 - L_8$，B 为绳槽宽度；l 为两支轮间距离。

钢丝绳拉力在截面处作用力 P_{13}、P_{23} 计算式如下：

$$\begin{cases} P_{13} + P_{23} = 2T_1 \sin \beta_1 \\ -P_{23}l + T_1 \sin \beta_1[2(N_f + N)(d + \varepsilon) + 2H_s / \pi D_1) - L_8 + S_0] = 0 \end{cases} \tag{2.6}$$

式中，β_1 为左筒钢丝绳仰角。

(2) 缠绕第 2 层。如图 2.7(b) 所示，钢丝绳缠绕第 2 层时，钢丝绳死绳圈重力为 G_1，活绳圈重力为 G_2，在截面处作用力 P_{12}、P_{22} 计算式如下：

$$\begin{cases} G_1 = [H_s + (N_f + N_1)\pi D_1]pg \\ G_2 = (N - N_1)\pi D_2 pg \\ P_{12} + P_{22} = 2(G_1 + G_2) \\ P_{22}l - G_1(B - L_8 + S_0) - G_2[2B - (N - N_1)(d + \varepsilon) - L_8 + S_0] = 0 \end{cases} \tag{2.7}$$

式中，D_2 为钢丝绳缠绕第二层处缠绕直径；N_1 为钢丝绳在第一层上的提升圈数。

钢丝绳拉力在截面处作用力 P_{13}、P_{23} 计算式如下：

$$\begin{cases} P_{13} + P_{23} = 2T_1 \sin \beta_1 \\ -P_{23}l + T_1 \sin \beta_1[2B - 2(N - N_1)(d + \varepsilon) - L_8 + S_0] = 0 \end{cases} \tag{2.8}$$

(3) 缠绕第 3 层。如图 2.7(c) 所示，钢丝绳缠绕第 3 层时，钢丝绳死绳圈重力为 $G_1 + G_2$，活绳圈重力为 G_3，在截面处作用力 P_{12}、P_{22} 计算式如下：

$$\begin{cases} G_1 = [H_s + (N_f + N_1)\pi D_1]pg \\ G_2 = N_2 \pi D_2 pg \\ G_3 = (N - N_1 - N_2)\pi D_3 pg \\ P_{12} + P_{22} = 2(G_1 + G_2 + G_3) \\ P_{22}l - (G_1 + G_2)(B - L_8 + S_0) - G_3[(N - N_1 - N_2)(d + \varepsilon) - L_8 + S_0] = 0 \end{cases} \tag{2.9}$$

式中，N_2 为钢丝绳在第二层上的提升圈数；D_3 为钢丝绳缠绕第三层处缠绕直径。

钢丝绳拉力在截面处作用力 P_{13}、P_{23} 计算式如下：

$$\begin{cases} P_{13} + P_{23} = 2T_1 \sin \beta_1 \\ -P_{23}l + T_1 \sin \beta_1[2(N - N_1 - N_2)(d + \varepsilon) - L_8 + S_0] = 0 \end{cases} \tag{2.10}$$

(4) 缠绕第 4 层。如图 2.7(d) 所示，钢丝绳缠绕第 4 层时，钢丝绳死绳圈重力为 $G_1 + G_2 + G_3$，活绳圈重力为 G_4，对支轮的作用力 P_{12}、P_{22} 计算式如下：

$$
\begin{cases}
G_1 = [H_s + (N_f + N_1)\pi D_1]pg \\
G_2 = N_2\pi D_2 pg \\
G_3 = N_3\pi D_3 pg \\
G_4 = (N - N_1 - N_2 - N_3)\pi D_4 pg \\
P_{12} + P_{22} = 2(G_1 + G_2 + G_3 + G_4) \\
P_{22}l - (G_1 + G_2 + G_3)(B - L_8 + S_0) - G_4[2B - (N - N_1 - N_2 - N_3)(d + \varepsilon) - L_8 + S_0] = 0
\end{cases}
\tag{2.11}
$$

式中，D_4 为钢丝绳在第四层上的提升圈数处缠绕直径。

钢丝绳拉力对支轮作用力 P_{13}、P_{23} 计算式如下：

$$
\begin{cases}
P_{13} + P_{23} = 2T_1\sin\beta_1 \\
-P_{23}l + T_1\sin\beta_1[2B - 2(N - N_1 - N_2 - N_3)(d + \varepsilon) - L_8 + S_0] = 0
\end{cases}
\tag{2.12}
$$

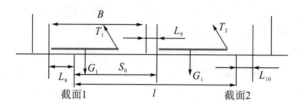

(a)第1层

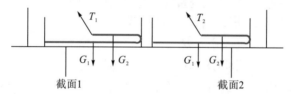

(b)第2层

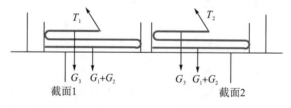

(c)第3层

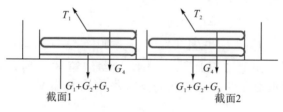

(d)第4层

图 2.7 游筒提升左出绳钢丝绳缠绕简图

以此类推，若钢丝绳缠绕圈数 N 为自变量，n 为缠绕层数，易得到缠绕任意层时钢丝绳自重以及拉力在截面处作用力 P_{12}、P_{22}、P_{13}、P_{23} 的计算通式。

缠绕到奇数层时（$n \geqslant 3$，n 取整数），通式为

$$\begin{cases} G_1 = [H_s + (N_f + N_1) \cdot \pi D_1] \cdot pg \\ G_2 = N_2 \pi D_2 \cdot pg \\ \quad\vdots \\ G_n = \left(N - \sum_{N=1}^{n-1} N_N\right) \cdot \pi D_n \cdot pg \\ P_{12} + P_{22} = 2\sum_{N=1}^{n} G_N \\ P_{22}l - \sum_{N=1}^{n-1} G_N \times (B - L_8 + S_0) - G_n \times \left[\left(N - \sum_{N=1}^{n-1} N_N\right) \cdot (d + \varepsilon) - L_8 + S_0 \right] = 0 \end{cases} \quad (2.13)$$

$$\begin{cases} P_{13} + P_{23} = 2T_1 \sin\beta_1 \\ -P_{23}l + T_1 \sin\beta_1 \cdot \left[2\left(N - \sum_{N=1}^{n-1} N_N\right)(d + \varepsilon) - L_8 + S_0 \right] = 0 \end{cases} \quad (2.14)$$

式中，β_1 为左卷筒钢丝绳仰角。

缠绕到偶数层时，其计算通式与式(2.13)、式(2.14)只有最后一个算式不同，分别为

$$P_{22}l - \sum_{N=1}^{n-1} G_N \times (B - L_8 + S_0) - G_n \times \left[2B - \left(N - \sum_{N=1}^{n-1} N_N\right) \cdot (d + \varepsilon) - L_8 + S_0 \right] = 0 \quad (2.15)$$

$$-P_{23}l + T_1 \sin\beta_1 \cdot \left[2B - 2\left(N - \sum_{N=1}^{n-1} N_N\right) \cdot (d + \varepsilon) - L_8 + S_0 \right] = 0 \quad (2.16)$$

同理，易得右筒下放左出绳时钢丝绳自重以及拉力在截面处作用力 P_{32}、P_{42}、P_{33}、P_{43} 的计算通式。下放到偶数层时的通式为（共缠 n 层，下放到 m 层）：

$$\begin{cases} G_1 = [H_s + (N_f + N_1)\pi D_1]pg \\ G_2 = N_2 \pi D_2 pg \\ \quad\vdots \\ G_m = \left(\sum_{N=m}^{n} N_N - N\right)\pi D_m pg \\ P_{32} + P_{42} = 2\sum_{N=1}^{m} G_N \\ -P_{32}l + \sum_{N=1}^{m-1} G_N(B - L_8 + S_0) + G_m\left[\left(\sum_{N=m}^{n} N_N - N\right)(d+\varepsilon) - L_8 + S_0\right] = 0 \end{cases} \quad (2.17)$$

$$\begin{cases} P_{33} + P_{43} = 2T_3 \sin\beta_2 \\ P_{33}l - T_3\sin\beta_2\left[2\left(\sum_{N=m}^{n} N_N - N\right)(d+\varepsilon) - L_8 + S_0\right] = 0 \end{cases} \quad (2.18)$$

式中，T_3 为下放时左卷筒钢丝绳的拉力；β_2 为右卷筒钢丝绳仰角。

下放到奇数层的通式与式(2.17)、式(2.18)只有最后一个算式不同，分别为

$$-P_{32}l + \sum_{N=1}^{m-1} G_N(B - L_8 + S_0) + G_m\left[2B - \left(\sum_{N=m}^{n} N_N - N\right)(d+\varepsilon) - L_8 + S_0\right] = 0 \quad (2.19)$$

$$P_{33}l - T_3\sin\beta_2\left[2B - 2\left(\sum_{N=m}^{n} N_N - N\right)(d+\varepsilon) - L_8 + S_0\right] = 0 \quad (2.20)$$

由以上推导，进一步得截面处竖直方向合力为

$$\begin{cases} P_{0v} = P_{00} + P_{01} \\ P_{1v} = P_{10} + P_{11} + P_{12} - P_{13}\sin\beta_1 \\ P_{2v} = P_{20} + P_{21} + P_{22} - P_{23}\sin\beta_1 \\ P_{3v} = P_{30} + P_{31} + P_{32} - P_{33}\sin\beta_2 \\ P_{4v} = P_{40} + P_{41} + P_{42} - P_{43}\sin\beta_2 \end{cases} \tag{2.21}$$

式中，P_{00}、P_{10}、P_{20}、P_{30}、P_{40}为主轴自重在截面 0~4 处的分配力；P_{01}、P_{11}、P_{21}、P_{31}、P_{41}为卷筒及其附有零件自重在截面 0 到 4 处的分配力。

水平方向合力为

$$\begin{cases} P_{1h} = P_{13}\cos\beta_1 \\ P_{2h} = P_{23}\cos\beta_1 \\ P_{3h} = P_{33}\cos\beta_2 \\ P_{4h} = P_{43}\cos\beta_2 \end{cases} \tag{2.22}$$

竖直方向支反力为

$$\begin{cases} R_{1v} = \dfrac{P_{0v}L_4 + P_{1v}(L_2 + L_3 + L_4) + P_{2v}(L_3 + L_4)}{L_1 + L_2 + L_3 + L_4} \\ R_{2v} = P_{0v} + P_{1v} + P_{2v} - R_{1v} \\ R_{3v} = \dfrac{P_{3v}(L_7 + L_{11}) + P_{4v}L_{11}}{L_6 + L_7 + L_{11}} \\ R_{4v} = P_{3v} + P_{4v} - R_{3v} \end{cases} \tag{2.23}$$

同理可求得水平方向的支反力，进一步得到竖直方向和水平方向弯矩为

$$\begin{cases} M_{0v} = R_{1v}L_4 \\ M_{1v} = R_{1v}L_1 \\ M_{2v} = R_{2v}(L_3 + L_4) - P_{0v}L_4 \\ M_{3v} = R_{3v}L_6 \\ M_{4v} = R_{4v}L_{11} \end{cases} \tag{2.24}$$

$$\begin{cases} M_{1h} = R_{1h}L_1 \\ M_{2h} = R_{2h}(L_3 + L_4) \\ M_{3h} = R_{3h}L_6 \\ M_{4h} = R_{4h}L_{11} \end{cases} \tag{2.25}$$

合弯矩为

$$\begin{cases} M_0 = M_{0v} \\ M_1 = \sqrt{M_{1v}^2 + M_{1h}^2} \\ M_2 = \sqrt{M_{2v}^2 + M_{2h}^2} \\ M_3 = \sqrt{M_{3v}^2 + M_{3h}^2} \\ M_4 = \sqrt{M_{4v}^2 + M_{4h}^2} \end{cases} \tag{2.26}$$

游筒主轴竖直方向、水平方向最大挠度：

$$y_{vmax} = \frac{P_{1v}L_1(3l^2 - 4L_1^2) + P_{2v}(L_3 + L_4)[3l^2 - 4(L_3 + L_4)^2] + P_{0v}L_4(3l^2 - 4L_4^2)}{48EI} \quad (2.27)$$

$$y_{hmax} = \frac{P_{1h}L_4(3l^2 - 4L_1^2) + P_{2h}(L_3 + L_4)[3l^2 - 4(L_3 + L_4)^2]}{48EI} \quad (2.28)$$

式中，E 为卷筒主轴材料的弹性模量；I 为主轴材料横截面对弯曲中性轴的惯性矩。

综合位移：

$$y_{max} = \sqrt{y_{vmax}^2 + y_{hmax}^2} \quad (2.29)$$

同理易求右轴竖直、水平方向挠度和综合位移。

矿井提升机主轴所受的瞬时载荷很大，轴的静强度安全系数可反映轴塑性变形的抵抗能力，其计算式为

$$S_0 = \frac{S_\sigma + S_\tau}{\sqrt{S_\sigma^2 + S_\tau^2}} \quad (2.30)$$

其中，S_σ、S_τ 分别表示只考虑安全弯曲或扭转时的安全系数，$S_\sigma = \dfrac{\sigma_s}{M_{max}/W}$，

$S_\tau = \dfrac{\tau_s}{T_{max}/W_T}$，$\sigma_s$、$\tau_s$ 为材料的抗弯和抗扭屈服极限（MPa），且 $\tau_s = (0.55 \sim 0.62)\sigma_s$；$M_{max}$、$T_{max}$ 分别为危险截面上所受的最大弯矩和最大扭矩（N·mm）；W、W_T 分别为危险截面的抗弯和抗扭截面模数（mm³）。

由图 2.7 镜像可发现右筒提升右出绳和左筒提升左出绳的缠绕情况相同。把图 2.7（a）中的参数改为右筒的参数，可得知右筒提升右出绳和左筒提升左出绳计算通式相同，并且右筒下放左出绳和左筒下放右出绳等其他对应工况的计算通式也相同。可得到结论：只要是提升，则提升时的计算通式都适用于左、右卷筒，其左筒提升左出绳对应右筒提升右出绳，左筒提升右出绳对应右筒提升左出绳；只要是下放，则下放时的计算通式都适用于左、右卷筒，其右筒下放左出绳对应左筒下放右出绳，右筒下放右出绳对应左筒下放左出绳。另外，计算通式亦适用于多层缠绕式起重设备、水利启闭机、石油钻机绞车等提升系统的设计计算。

2.2.2.2　数值计算

1）程序框图

按照推导的计算通式，可按实际工况需要，利用 MATLAB 编写出具体的计算程序。本研究以左筒提升左出绳、右筒下放左出绳缠绕 4 层为例，其程序计算结构框图如图 2.8 所示。由图 2.8 可知，当确定了具体工况、提升机参数等已知数据后，进入计算循环，每循环一次得到一个输出值，可快速得到作用于主轴的力和力矩、主轴挠度等值。

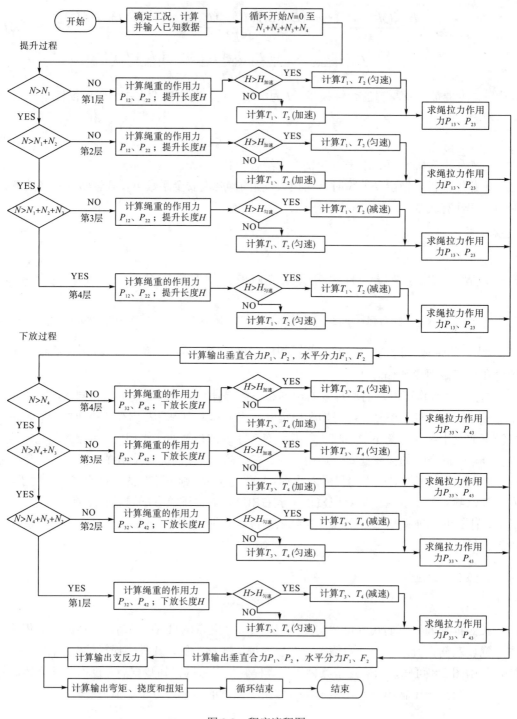

图 2.8　程序流程图

2) 工况与参数

由推导的计算通式，利用 MATLAB 编写程序以中信 2JKD-8X4.2 多绳缠绕式矿井提升机样机参数进行计算。提升高度为 1500m，卷筒直径 8m，缠绳区宽度 2.1m，钢丝绳直径 76mm，单位质量 23.4kg/m，最大静张力 1480kN，最大静张力差 1180kN，共缠绕 3 层，第 1、2 层各缠 26 圈，含 3 圈摩擦圈，第 3 层约 10 圈，有效提升载荷 30t，提升容器自重 50t，最大提升速度 18m/s，按加速、匀速和减速三个阶段运行。由不同的出绳方式分为 16 种工况，如表 2.1 所示。

表 2.1　16 种工况

运行状态	工况	出绳型式	
		游动卷筒	固定卷筒
游筒提升 固筒下放	1	左、上出绳	左、下出绳
	2	左、下出绳	左、上出绳
	3	左、上出绳	右、下出绳
	4	左、下出绳	右、上出绳
	5	右、上出绳	左、下出绳
	6	右、下出绳	左、上出绳
	7	右、上出绳	右、下出绳
	8	右、下出绳	右、上出绳
游筒下放 固筒提升	9	左、上出绳	左、下出绳
	10	左、下出绳	左、上出绳
	11	左、上出绳	右、下出绳
	12	左、下出绳	右、上出绳
	13	右、上出绳	左、下出绳
	14	右、下出绳	左、上出绳
	15	右、上出绳	右、下出绳
	16	右、下出绳	右、上出绳

3）计算结果与分析

将计算结果图列出，如图 2.9 所示。从图 2.9(a)可以看出轴段扭矩呈三阶段变化，这是因为加速和减速时惯性力的存在使扭矩跃变幅度较大，若采用 S 曲线速度图或多阶段速度图运行，加减速度不会立即变为 0.75m/s²，而是在 0～0.75m/s² 和 0.75～0m/s² 之间缓慢变化，这种变化有利于主轴的稳定运行。图 2.9(b)为游筒截面 1 处竖直方向力，游筒提升时，工况 1 钢丝绳自左向右缠绕，缠至 8 圈时加速结束并进入匀速阶段，此时有明显突变，缠至 23 圈时，第 1 层缠满开始反向缠绕并且曲线出现拐点，当缠至 49 圈时，开始向第 3 层缠绕，缠绕方向自左向右，51 圈时再次出现阶跃，并开始减速，约 59 圈时停止。其他工况均有类似的变化情况。由计算结果可知，工况 1、5 的力大于工况 2、6，即下出绳时受力较小，这是因为下出绳时钢丝绳仰角较大，钢丝绳拉力在竖直方向的分力较大，所以竖直方向合力较小。而工况 1 与工况 5、工况 2 与工况 6 的力则相互交替变化，即左右出绳时力不呈绝对的大小关系。对于游筒下放时，亦有相同的情形。

合弯矩与合力具有一定的线性关系，因竖直方向力较大，故合弯矩主要受竖直方向力的影响，其变化规律与竖直方向力相似，如图 2.9(c)所示。图 2.9(d)中截面 1 处的安全系数在游筒提升时较大，游筒下放加速时最小，下出绳时大于上出绳时。其他截面处的竖直方向力、弯矩和安全系数的变化趋势与截面 1 处相似。游筒主轴和固筒主轴的综合挠度变化规律相同，如图 2.9(e)、(f) 所示，下出绳时综合挠度较上出绳时小，而左右出绳时区别较小，同时可知游筒主轴综合挠度较大，是因为游筒主轴装置自重较大。

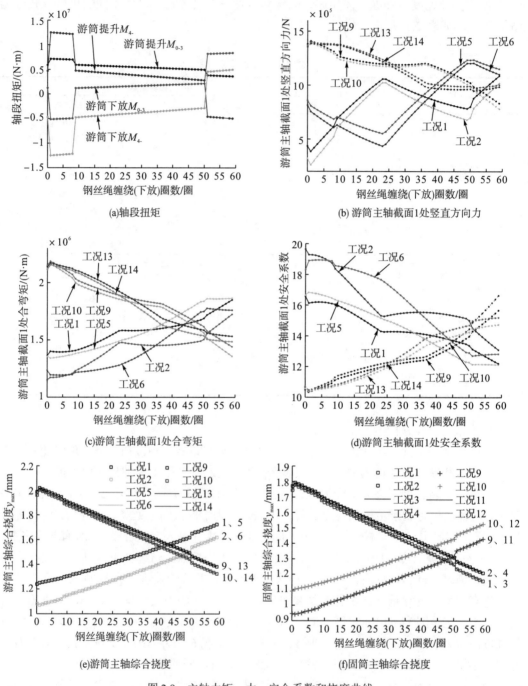

(a)轴段扭矩

(b) 游筒主轴截面1处竖直方向力

(c)游筒主轴截面1处合弯矩

(d)游筒主轴截面1处安全系数

(e)游筒主轴综合挠度

(f)固筒主轴综合挠度

图2.9　主轴力矩、力、安全系数和挠度曲线

表2.2反映了游筒下放右、上出绳(工况13)时游筒主轴综合挠度最大,为2.018631mm,此时截面 2 处安全系数也最小,故游筒宜左、下出绳。对于固筒主轴,其最大挠度为

1.793483mm，出现在游筒提升左、上出绳（工况 2）时，虽然安全系数在工况 4 截面 4 处最小，但远大于强度要求（安全系数>1.4），故考虑到主轴变形易影响提升系统的变形失谐及安全运行，因此固筒宜右、上出绳。

卷筒腹板的位置不同会引起主轴受力的不同，从而出绳型式也可能不同。前述分析了卷筒腹板位置对称（即 $L_8 = L_{10}$）时的最佳出绳型式，且知游筒主轴和固筒主轴在工况 9、13 和工况 2、4 时挠度最大。现以挠度大小为选取左右出绳型式的评价标准，对以上 4 种工况进行计算对比，并取 L_8、L_{10} 差值在 150mm 以内，可得游筒主轴和固筒主轴左右出绳时最大挠度的变化曲线如图 2.10（a）、（b）所示。由图可知游筒主轴左出绳、固筒主轴右出绳时挠度较小，所以腹板不对称时左右出绳型式相同。

由上述分析，可知卷筒腹板对称或非对称（L_8、L_{10} 差值 150mm 以内）时，游筒两绳区左、下出绳和固筒两绳区右、上出绳为最佳出绳型式。

表 2.2 截面最小安全系数和最大综合挠度

| 运行状态 | 游动卷筒主轴 | | | | | 固定卷筒主轴 | | | |
| | 工况 | 最小安全系数 | | | 最大综合挠度/mm | 工况 | 最小安全系数 | | 最大综合挠度/mm |
		截面 1	截面 2	截面 0			截面 3	截面 4	
游筒提升 固筒下放	1	12.213	12.072	12.384	1.722334	1	27.312	16.163	1.777780
	2	13.103	12.660	12.400	1.618239	2	27.286	16.159	1.793483
	5	12.121	12.165	12.433	1.722327	3	27.316	16.162	1.777517
	6	12.716	13.046	12.451	1.618221	4	27.295	16.157	1.793109
游筒下放 固筒提升	9	10.335	10.364	10.547	2.018624	9	23.945	16.347	1.427133
	10	10.434	10.443	10.552	2.001676	10	23.858	16.325	1.524046
	13	10.400	10.299	10.564	2.018631	11	23.921	16.349	1.428092
	14	10.480	10.397	10.572	2.001680	12	23.846	16.315	1.524403

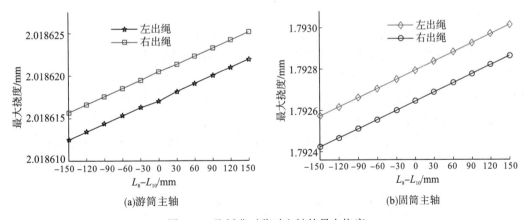

(a)游筒主轴   (b)固筒主轴

图 2.10 腹板非对称时主轴的最大挠度

2.2.2.3 有限元分析

为验证腹板位置对称时数值分析结论的正确性，从 UG 中导入游筒和固筒主轴三维模型到 Workbench 中生成有限元模型，采用 Static Structural 模块进行分析。主轴材料定义为 45MnMo，弹性模量 210GPa，泊松比 0.269，采用自动划分网格[11]，尺寸大小为 100，游筒主轴节点数 128 249，单元数 68 294，固筒主轴节点数 144 565，单元数 90 190，在截面处施加竖直和水平方向力以及力矩，轴承支撑处施加 Frictionless Support 约束，轴端施加轴向和周向位移约束。

图 2.11(a)、(b) 反映了固筒主轴各工况最大等效应力及最大变形曲线变化趋势与合弯矩和最大挠度变化趋势相似，游筒主轴亦有类似情况。由图 2.11(a)、(b) 可知，下出绳时各工况最大等效应力和最大变形均小于上出绳时，而左出绳和右出绳时其值大小交替变化，无绝对大小关系。图 2.11(a)、(b) 中最大变形量较数值结果小，主要原因是数值计算时所受载荷均等效为集中力，而仿真时按实际情况施加的面载荷和面支撑则会削弱其变形，并且网格尺寸大小亦会造成一定的影响。

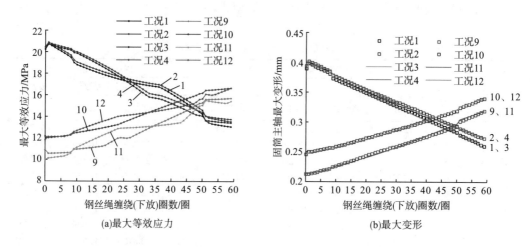

图 2.11 固筒主轴最大等效应力和最大变形变化曲线

各工况最大等效应力和最大变形最大值如表 2.3 所示，可知下出绳时最大值均小于上出绳，且游筒主轴上下出绳差值约是固筒主轴上下出绳差值的 2 倍，所以游筒采用下出绳较好。游筒提升时，游筒主轴右出绳值均小于左出绳值，而游筒下放时刚好相反。工况 13 的最大等效应力和最大变形最大值为最大，分别为 21.589 和 0.47548，出现在下放第 1 圈时右轴承支撑处与主轴中部，如图 2.12(a)、(b) 所示。这是因为调绳离合器设在游筒主轴右端，并且此工况下钢丝绳为右、上出绳，下放第 1 圈时缠绕在卷筒上的钢丝绳自重在截面 2 处分配的力较大。故游筒主轴宜左、下出绳。

表 2.3 游筒和固筒主轴不同工况下最大等效应力和最大变形最大值

运行状态	游动卷筒主轴			固定卷筒主轴		
	工况	最大等效应力/MPa	最大变形/mm	工况	最大等效应力/MPa	最大变形/mm
游筒提升 固筒下放	1	19.058	0.40506	1	20.745	0.39755
	2	17.946	0.38055	2	20.897	0.40109
	5	19.029	0.40497	3	20.712	0.39740
	6	17.808	0.38032	4	20.839	0.40086

续表

运行状态	游动卷筒主轴			固定卷筒主轴		
	工况	最大等效应力/MPa	最大变形/mm	工况	最大等效应力/MPa	最大变形/mm
游筒下放 固筒提升	9	21.474	0.47540	9	15.719	0.31854
	10	21.304	0.47142	10	16.670	0.34021
	13	21.589	0.47548	11	15.518	0.31915
	14	21.388	0.47149	12	16.659	0.34042

对于固筒主轴，游筒提升时工况 2 左、上出绳时最大等效应力和最大变形最大值为最大，分别为 20.897 和 0.40109，出现时刻及位置如图 2.12(c)、(d)所示，原因是下放开始时钢丝绳自重在截面 3 处分配力较大。而游筒下放时，最大等效应力和最大变形的最大值均小于游筒提升时，故固筒宜右、上出绳。上述结论与数值计算结论吻合。

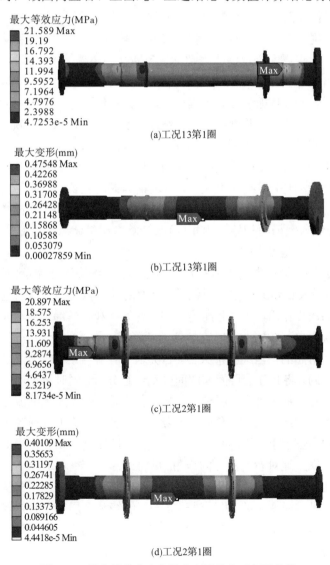

(a)工况13第1圈

(b)工况13第1圈

(c)工况2第1圈

(d)工况2第1圈

图 2.12　最大等效应力和最大变形发生时刻及位置

2.3　卷筒变形及钢丝绳变形、腹板支撑对提升钢丝绳拉力降低及张力的影响

2.3.1　引言

超深矿井多绳多层缠绕式提升机采用两缠绳区，当提升机开始提升载荷时，两根钢丝绳在卷筒上不断缠绕，卷筒因受缠绕钢丝绳的压力作用，会发生变形。由于结构和受力等原因，卷筒上两缠绳区的变形可能不同步，将使得缠绕其上的两根钢丝绳长度在各个时刻并不相等，造成提升端钢丝绳提升高度不一致，出现长度差异，进而会引起两根钢丝绳间出现张力差，笔者在前面定义这种情况为"双绳间提升钢丝绳变形失谐"，简称"钢丝绳变形失谐"。钢丝绳的变形失谐行为，将可能导致振动加强、钢丝绳张力超标、提升容器与罐道间摩擦加剧、卡罐、钢丝绳张力超标导致断绳、坠罐等安全事故。

为了了解提升机卷筒结构对钢丝绳变形失谐的影响，分析卷筒两缠绳区的变形不同步引起的变形失谐量，本节将探讨提升过程中，卷筒在钢丝绳多层缠绕拉力降低的时变载荷作用下的变形情况，进而了解两缠绳区钢丝绳缠绕长度差异的波动情况。同时为了减小钢丝绳变形失谐量，将探讨可行的卷筒结构优化方案。

在提升过程中，钢丝绳从已确定的出绳口出绳后缠入卷筒绳槽，其缠入时的初始张力是随着提升高度和运动特性实时变化的，提升端钢丝绳垂直长度的减小使钢丝绳张力逐渐减小，而提升速度的加减速变化会引起钢丝绳张力波动。之前的研究都是将钢丝绳张力视为常量（即钢丝绳缠入绳槽的初始张力相同）来计算多层缠绕系数、张力降低量和张力变化，而实际上张力变化是很大的。

超深矿井提升钢丝绳在卷筒上做多层缠绕运行，卷筒旋转使钢丝绳不断缠绕在卷筒上，钢丝绳上的载荷及钢丝绳自重等对钢丝绳形成拉力，该拉力形成对卷筒及已经缠绕在卷筒上的钢丝绳的压力作用，在这种压力作用下，卷筒和钢丝绳绳圈变形。这种变形使得各圈钢丝绳中的拉力自其初始缠绕时起，便逐渐降低。卷筒的变形与其上压力直接相关，故要分析卷筒变形引起的钢丝绳变形失谐，首先需要计算缠绕钢丝绳拉力降低。按照拉力降低产生原因的不同，将其分为层间和圈间分别进行分析，同时将钢丝绳等效为相同直径的细长圆柱体。当钢丝绳缠绕第 1 层时，已缠入卷筒绳槽的钢丝绳绳圈张力受后续缠入绳圈引起卷筒变形的影响造成张力降低，当缠绕 $2\sim n$ 层时，第 1 层绳圈不仅受上层绳圈引起卷筒变形的影响，还受钢丝绳层间挤压以及上层钢丝绳圈间相互作用的影响共同造成其张力降低，亦造成钢丝绳对卷筒的径向作用力降低。

为了更准确地分析提升循环中钢丝绳张力的实时变化规律，本研究认为钢丝绳缠入绳槽的绳圈初始张力是实时变化的。并通过建立一层缠绕和多层缠绕时钢丝绳和卷筒的力学模型，同时耦合卷筒腹板支撑的影响，最后数值求解出整个循环中钢丝绳的张力降低量、张力及径向力等的变化规律。

2.3.2　多层缠绕卷筒变形、钢丝绳拉力降低及张力变化

钢丝绳在卷筒上一层缠绕时，如图 2.13 所示，后续绳圈的连续缠绕会引起卷筒持续变形，造成已缠绳圈的张力逐步减小，反过来已缠绳圈的张力减小又影响卷筒变形回复，彼此耦合影响，直至停止缠绕，卷筒变形停止，其影响范围为 $1.83\sqrt{\delta R}$ 长度以内[12,13]。卷筒筒壳挠度可按受集中力无限长弹性基础梁的变形方程求得，即

$$y = \frac{\beta N'}{2k_0} \mathrm{e}^{-\beta x}(\cos \beta x + \sin \beta x) \tag{2.31}$$

令 $\varphi(\beta x) = \mathrm{e}^{-\beta x}(\cos \beta x + \sin \beta x)$，则

$$y = \frac{\beta N'}{2k_0} \varphi(\beta x) \tag{2.32}$$

式中，$\beta = \sqrt[4]{\dfrac{k_0(1-\nu_d{}^2)}{4E_d J}} = \dfrac{1.2854}{\sqrt{\delta R}}$，为弹性基础系数；$k_0 = \dfrac{E_d \delta}{R^2}$，为基础反力系数；$N'$ 为钢丝绳对卷筒径向压力；ν_d 为筒壳泊松比；$E_d J$ 为筒壳抗弯刚度；R、δ 为卷筒半径及筒壳厚度。

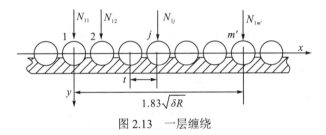

图 2.13　一层缠绕

（1）以绳圈 1 为研究对象，缠绕时筒壳变形为

$$y_{11} = \frac{N_{11}\beta}{2k_0} \varphi(\beta x_1) \tag{2.33}$$

此时钢丝绳拉力降低 $\Delta P_{11} = 0$，拉力降低系数为 $C_{11} = 1$。

（2）缠绕第 2 圈时绳圈 1 处筒壳变形为

$$y_{12} = \frac{N_{12}\beta}{2k_0} \varphi(\beta x_2) \tag{2.34}$$

拉力降低：

$$\Delta P_{12} = \frac{y_{12}}{R - y_{11}} E_s A_s \tag{2.35}$$

式中，E_s 为钢丝绳纵向弹性模量；A_s 为钢丝绳断面钢丝面积总和。

拉力降低系数：

$$C_{12} = 1 - \frac{N_{12}\beta\varphi(\beta x_2)}{2k_0(R - y_{11})N_{11}C_{11}} E_s A_s \tag{2.36}$$

（3）以此类推，$1\sim m$ 圈内任意 j 圈在绳圈 1 处筒壳变形为

$$y_{1j} = \frac{N_{1j}\beta}{2k_0}\varphi(\beta x_j) \quad [x_j = (j-1)t_0, j = 1, 2, \cdots, m] \tag{2.37}$$

拉力降低：

$$\Delta P_{1j} = \frac{y_{1j}}{R - y_{11} - \cdots - y_{1j-1}}E_S A_S \quad (j \neq 1) \tag{2.38}$$

拉力降低系数：

$$C_{1j} = 1 - \frac{N_{1j}\beta\varphi(\beta x_j)}{2k_0(R - y_{11} - \cdots - y_{1j-1})N_{11}C_{11}C_{12}\cdots C_{1j-1}}E_S A_S \tag{2.39}$$

钢丝绳在卷筒上多层缠绕时，钢丝绳张力是不断变化的。第 1 层绳圈以张力 $P_{1\cdot m'}$（1 表示第 1 层，m' 表示第 m' 圈）逐渐缠绕在绳槽中，第 2～n 层绳圈以张力 $P_{n\cdot m'}$ 堆叠在下一层绳圈形成的间隙中，并通过下层绳圈逐层传递作用力，最终传至与绳槽直接接触的第 1 层绳圈处。

外层绳圈的缠绕不仅会引起筒壳的径向变形，而且会引起下层绳圈的挤压变形以及同层已缠绕绳圈的周向松弛，这些变形的耦合造成了绳圈张力的最终降低。Egawa 和 Taneda[14] 给出了钢丝绳张力恒定和同层张力相同两种情形下由于第 n 层的缠绕致使第 i 层钢丝绳径向减小量的计算公式，但均不够准确，为更详细准确地计算出张力的变化情况，故考虑钢丝绳张力实时变化。

当钢丝绳以张力 P 缠绕在卷筒绳槽上时，会对卷筒筒壳产生作用力。现取卷筒绳槽上的某钢丝绳单元作为研究对象，如图 2.14 (a) 所示，其受力平衡方程为

$$\mathrm{d}F = 2P\sin\left(\frac{\mathrm{d}\theta}{2}\right) = 2P\frac{\mathrm{d}\theta}{2} = P\mathrm{d}\theta \tag{2.40}$$

钢丝绳作用在卷筒上的力亦是 $\mathrm{d}F$，故卷筒上载荷集度为

$$P' = \frac{\mathrm{d}F}{R\mathrm{d}\theta t_0} = \frac{P\mathrm{d}\theta}{R\mathrm{d}\theta t_0} = \frac{P}{Rt_0} \tag{2.41}$$

对于卷筒筒壳，若绳槽节距为 t_0，现以微元体 $\mathrm{d}\theta$ 对应的卷筒受力进行分析，单位长度上钢丝绳对卷筒压力为 P_0，卷筒筒壳受正压力为 σ，径向变形量为 ΔR，如图 2.14 (b) 所示，则由力的平衡方程得

$$2\sigma_\theta \delta t_0 \sin\left(\frac{\mathrm{d}\theta}{2}\right) = -P_0 t_0 R\mathrm{d}\theta \tag{2.42}$$

$$\sigma_\theta = -\frac{P_0 R}{\delta} \tag{2.43}$$

$$\varepsilon_\theta = \frac{2\pi(R - \Delta R)}{2\pi R} = -\frac{\Delta R}{R} \tag{2.44}$$

由胡克定律，得

$$E_d = \frac{\sigma_\theta}{\varepsilon_\theta} = \frac{P_0 R^2}{\delta \Delta R} \tag{2.45}$$

$$\Delta R = \frac{P_0 R^2}{\delta E_d} = \frac{PR}{\delta E_d t_0} \tag{2.46}$$

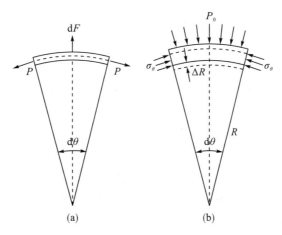

图 2.14　钢丝绳和卷筒受力

多层缠绕时，见图 2.15，当第 1 层钢丝绳以张力 P_1 缠绕在绳槽内时，会对卷筒产生径向力 $\mathrm{d}F_1$，并引起卷筒径向变形；当第 2 层钢丝绳以张力 P_2 缠入时，第 1 层钢丝绳会受到第 2 层钢丝绳的挤压产生变形，同时卷筒径向变形增大。因第 1 层钢丝绳变形和卷筒径向直径的减小，缠绕在卷筒上的钢丝绳周长减小，进而造成钢丝绳的张力减小，对卷筒的径向压力也会减小。若钢丝绳在卷筒上缠绕 n 层，则第 $i+1$ 层至第 n 层缠绕后第 i 层钢丝绳张力变为

$$P_i' = P_i - P_{i\cdot(i+1)} - P_{i\cdot(i+2)} - \cdots - P_{i\cdot(n-1)} - P_{i\cdot n} \tag{2.47}$$

式中，P_i 是第 i 层钢丝绳某一位置初始拉力；$P_{i\cdot(i+1)}$、$P_{i\cdot(i+2)}$、$P_{i\cdot(n-1)}$、$P_{i\cdot n}$ 分别是第 $i+1$、$i+2$、$n-1$、n 层缠绕引起第 i 层拉力的减少量。

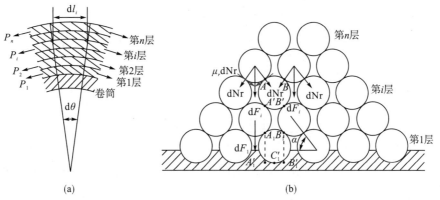

图 2.15　钢丝绳多层缠绕断面图

Nr 表示第 i 层钢丝绳所受压力

第 n 层缠绕引起卷筒径向压力的增量为

$$\Delta P_0 = \frac{P_n - P_{1\cdot n} - P_{2\cdot n} - \cdots - P_{(n-1)\cdot n}}{Rt} \tag{2.48}$$

对应的径向位移增量为

$$\Delta R_n = \frac{R \cdot (P_n - P_{1\cdot n} - P_{2\cdot n} - \cdots - P_{(n-1)\cdot n})}{E_d t \delta} \tag{2.49}$$

第 n 层缠绕造成第 i 层 $\mathrm{d}l_i$ 部分压力增量为

$$\mathrm{d}F_i = (P_n - P_{(i+1)\cdot n} - P_{(i+2)\cdot n} - \cdots - P_{(n-1)\cdot n}) \cdot \mathrm{d}\theta \tag{2.50}$$

第 i 层所受摩擦力增量为

$$\mathrm{d}f = \frac{\mathrm{d}F_i}{2(\sin\alpha + \mu_r \cos\alpha)} \tag{2.51}$$

式中，$\mu_r = \tan\gamma$，为绳间摩擦系数；α 为钢丝绳堆叠角。

现将第 i 层钢丝绳所受压力以及摩擦力增量的合力分解为卷筒径向分力 $\mathrm{d}F_i'$ 和卷筒轴向分力 $\mathrm{d}F_i''$，见图 2.16，故知径向分力为

$$\mathrm{d}F_i' = \frac{\mathrm{d}F_i}{2} = \frac{(P_n - P_{(i+1)\cdot n} - P_{(i+2)\cdot n} - \cdots - P_{(n-1)\cdot n}) \cdot \mathrm{d}\theta}{2} \tag{2.52}$$

轴向分力为

$$\begin{aligned}
\mathrm{d}F_i'' &= \mathrm{d}f(\cos\alpha - \mu_r \sin\alpha) = \frac{\mathrm{d}F_i(\cos\alpha - \mu_r \sin\alpha)}{2(\sin\alpha + \mu_r \cos\alpha)} \\
&= \frac{(P_n - P_{(i+1)\cdot n} - P_{(i+2)\cdot n} - \cdots - P_{(n-1)\cdot n}) \cdot \mathrm{d}\theta}{2} \cdot \cot(\alpha + \gamma)
\end{aligned} \tag{2.53}$$

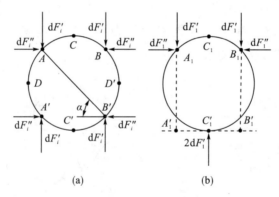

(a)   (b)

图 2.16   第 i 层和第 1 层钢丝绳受力

对于第 i 层钢丝绳径向变化量，由于钢丝绳 C 点和 C' 点受直径 CC' 方向的压力为 $2\mathrm{d}F_i'$，故端面直径 CC' 减小量为 $\dfrac{2\mathrm{d}F_i'}{E_r \mathrm{d}l_i}$，根据几何关系，得弦 AA' 减小量为

$$\Delta_{i\cdot n}' = \frac{\sin\alpha \cdot 2\mathrm{d}F_i'}{E_r \mathrm{d}l_i} = \frac{2\sin\alpha \cdot (P_n - P_{(i+1)\cdot n} - P_{(i+2)\cdot n} - \cdots - P_{(n-1)\cdot n})}{E_r \cdot [2R + (1 + 2(i-1)\sin\alpha)d]} \tag{2.54}$$

式中，$\mathrm{d}l_i = \left[R + \left(\dfrac{1}{2} + (i-1)\sin\alpha\right)d\right]\mathrm{d}\theta$。

因弦长 AA' 在 $\mathrm{d}F_i''$ 的作用下会扩展，若钢丝绳 D 点和 D' 点受直径 DD' 方向的压力为

$2\mathrm{d}F_i''$，则端面直径 DD' 的减少量为 $\dfrac{2\mathrm{d}F_i''}{E_r\mathrm{d}l_i}$，故直径 CC' 的减少量为 $v_r\dfrac{2\mathrm{d}F_i''}{E_r\mathrm{d}l_i}$，弦 AA' 在 $\mathrm{d}F_i''$ 作用下的延伸量为

$$\Delta_{i\cdot n}'' = \sin\alpha \cdot v_r \frac{2\mathrm{d}F_i''}{E_r\mathrm{d}l_i} = \frac{2v_r\sin\alpha\cdot(P_n - P_{(i+1)\cdot n} - P_{(i+2)\cdot n} - \cdots - P_{(n-1)\cdot n})\cdot\cot(\alpha+\gamma)}{E_r\cdot[2R+(1+2(i-1)\sin\alpha)d]} \tag{2.55}$$

由图 2.16(b)，对于第 1 层钢丝绳径向的变化量，由于第 n 层缠绕造成第 1 层钢丝绳弦长 A_1A_1' 径向力作用下压缩量为

$$\Delta_{1\cdot n}' = \frac{(1+\sin\alpha)}{2}\cdot\frac{2\mathrm{d}F_1'}{E_r\mathrm{d}l_1} = \frac{(1+\sin\alpha)\cdot(P_n - P_{2\cdot n} - P_{3\cdot n} - \cdots - P_{(n-1)\cdot n})}{E_r\cdot(2R+d)} \tag{2.56}$$

弦长 A_1A_1' 轴向力作用下压缩量为

$$\Delta_{1\cdot n}'' = \frac{(1+\sin\alpha)}{2}\cdot v_r\frac{\mathrm{d}F_1''}{E_r\mathrm{d}l_1} = \frac{v_r(1+\sin\alpha)\cdot(P_n - P_{2\cdot n} - P_{3\cdot n} - \cdots - P_{(n-1)\cdot n})\cdot\cot(\alpha+\gamma)}{2E_r\cdot(2R+d)} \tag{2.57}$$

综上可知，第 n 层缠绕引起卷筒径向位移增量 ΔR_n，i 层以下各层钢丝绳径向压缩以及第 i 层钢丝绳的径向压缩共同引起第 i 层钢丝绳缠绕半径的减小，其减小量 $U_{i\cdot n}$ 表示为

$$\begin{aligned}
U_{i\cdot n} &= \Delta R_n + (\Delta_{1\cdot n}' - \Delta_{1\cdot n}'') + (\Delta_{2\cdot n}' - \Delta_{2\cdot n}'') + \cdots + (\Delta_{(i-1)\cdot n}' - \Delta_{(i-1)\cdot n}'') + \frac{1}{2}(\Delta_{i\cdot n}' - \Delta_{i\cdot n}'') \\
&= \lambda_0(P_{n\cdot m'} - P_{1\cdot n} - P_{2\cdot n} - \cdots - P_{(n-1)\cdot n}) + \lambda_1(P_{n\cdot m'} - P_{2\cdot n} - P_{3\cdot n} - \cdots - P_{(n-1)\cdot n}) \\
&\quad + \cdots + \lambda_{i-1}(P_{n\cdot m'} - P_{i\cdot n} - P_{(i+1)\cdot n} - \cdots - P_{(n-1)\cdot n}) \\
&\quad + \frac{1}{2}\lambda_i(P_{n\cdot m'} - P_{(i+1)\cdot n} - P_{(i+2)\cdot n} - \cdots - P_{(n-1)\cdot n}) \quad (i=1,2,\cdots,n-1)
\end{aligned} \tag{2.58}$$

式中，$\lambda_0 = \dfrac{R}{t_0\delta E_d}$，$\lambda_1 = \dfrac{(1+\sin\alpha)[2-v_r\cot(\alpha+\gamma)]}{2E_r(2R+d)}$，$\lambda_i = \dfrac{2\sin\alpha[1-v_r\cot(\alpha+\gamma)]}{E_r\{2R+[1+2(i-1)\sin\alpha]d\}}$ $(i\neq 1)$；$P_{i\cdot n}$ 为 n 层缠绕时引起第 i 层钢丝绳拉力降低量；$P_{n\cdot m'}$ 为第 n 层第 m' 圈缠绕时第 i 层钢丝绳的拉力；v_r 为钢丝绳泊松比；E_r 为钢丝绳横向弹性模量；E_d 为筒壳弹性模量。

故第 i 层钢丝绳绳圈周向长度减小值为

$$V_{i\cdot n} = 2\pi U_{i\cdot n} \tag{2.59}$$

由胡克定律，得第 n 层第 m' 圈钢丝绳缠绕引起第 i 层钢丝绳张力的减小值为

$$\begin{aligned}
P_{i\cdot n} &= \frac{V_{i\cdot n}}{\pi[2R+(1+2(i-1)\sin\alpha)d]}\cdot E_S A_S \\
&= \frac{2E_S A_S}{2R+(1+2(i-1)\sin\alpha)d} \\
&\quad \times[\lambda_0(P_{n\cdot m'} - P_{1\cdot n} - P_{2\cdot n} - \cdots - P_{(n-1)\cdot n}) + \lambda_1(P_{n\cdot m'} - P_{2\cdot n} - P_{3\cdot n} - \cdots - P_{(n-1)\cdot n}) \\
&\quad + \cdots + \lambda_{i-1}(P_{n\cdot m'} - P_{i\cdot n} - P_{(i+1)\cdot n} - \cdots - P_{(n-1)\cdot n}) \\
&\quad + \frac{1}{2}\lambda_i(P_{n\cdot m'} - P_{(i+1)\cdot n} - P_{(i+2)\cdot n} - \cdots - P_{(n-1)\cdot n})] \quad (i=1,2,\cdots,n-1)
\end{aligned} \tag{2.60}$$

若将 n 层缠绕钢丝绳对卷筒的压力与 1 层缠绕钢丝绳对卷筒的压力的比值称为多层缠绕系数 I_n，则

$$I_n = I_{n-1} + \left[1 - \left(\frac{P_{1 \cdot n}}{P_n} + \frac{P_{2 \cdot n}}{P_n} + \cdots + \frac{P_{(n-1) \cdot n}}{P_n} \right) \right] \tag{2.61}$$

2.3.3　卷筒腹板支撑对多层缠绕变形的影响

图 2.17 所示的提升机卷筒两缠绳区均有腹板支撑，它会对钢丝绳张力降低起遏制作用。若将腹板视为刚性支撑，并将缠绕过程中钢丝绳重量及卷筒单位长度重量转换为两腹板的集中支撑力 R_{1Z}、R_{2Z}，并按受集中力无限长弹性基础梁的变形方程求解筒壳的挠度，其方向与钢丝绳作用产生的挠度方向相反。经推导知缠绕奇数层时 $(n \geqslant 3,\ n$ 取整数$)$，支撑力计算通式为[15,16]

$$\begin{cases} G_1 = [H_s + (N_f + N_1)\pi D_1] pg \\ G_2 = N_2 \pi D_2 pg \\ \quad \vdots \\ G_n = \left(N - \sum_{N=1}^{n-1} N_N \right) \pi D_n pg \\ R_{1Z} + R_{2Z} = 2\sum_{N=1}^{n} G_N + M_Z \\ R_{2Z}l - \sum_{N=1}^{n-1} G_N \times (2B + l') - G_n \times \left[\left(N - \sum_{N=1}^{n-1} N_N \right)(d + \varepsilon) + B - 2l'' + l' \right] = 0 \end{cases} \tag{2.62}$$

式中，M_Z 为卷筒重量；l 为两腹板间距；l' 为两绳区间隙；l'' 为腹板到挡绳板距离。

缠绕至偶数层时，其计算通式与式(2.62)只有最后一个算式不同，为

$$R_{2Z}l - \sum_{N=1}^{n-1} G_N \times (2B + l') - G_n \times \left[2B - \left(N - \sum_{N=1}^{n-1} N_N \right)(d + \varepsilon) + B - 2l'' + l' \right] = 0 \quad (2.63)$$

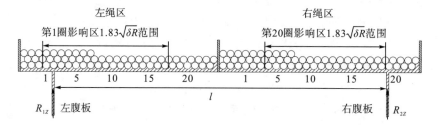

图 2.17　腹板支撑

2.3.4　求解过程与结果分析

为求得 n 层钢丝绳缠绕时第 i 层钢丝绳张力的减小量 $P_{i \cdot n}$，需求得 $P_{1 \cdot n}, P_{2 \cdot n}, \cdots, P_{(n-1) \cdot n}$，若令 $\lambda = \dfrac{2R + [1 + 2(i-1)\sin\alpha]d}{2E_S A_S}$，对式(2.60)进行整理得

$$\lambda_0 P_{1 \cdot n} + (\lambda_0 + \lambda_1)P_{2 \cdot n} + \cdots + (\lambda_0 + \lambda_1 + \cdots + \lambda_{i-2})P_{(i-1) \cdot n} + (\lambda_0 + \lambda_1 + \cdots + \lambda_{i-1} + \lambda)P_{i \cdot n} + (\lambda_0 + \\ \lambda_1 + \cdots + \lambda_i / 2)P_{(i+1) \cdot n} + \cdots + (\lambda_0 + \lambda_1 + \cdots + \lambda_i / 2)P_{(n-1) \cdot n} = (\lambda_0 + \lambda_1 + \cdots + \lambda_{i-1} + \lambda_i / 2)P_{n \cdot m'} \tag{2.64}$$

即

$$\begin{pmatrix} \lambda_0 + \lambda & \lambda_0 + \lambda_1/2 & \cdots & \lambda_0 + \lambda_1/2 \\ \lambda_0 & \lambda_0 + \lambda_1 + \lambda & \cdots & \lambda_0 + \lambda_1 + \lambda_2/2 \\ \vdots & \vdots & & \vdots \\ \lambda_0 & \lambda_0 + \lambda_1 & \cdots & \lambda_0 + \lambda_1 + \cdots + \lambda_{n-1} + \lambda \end{pmatrix} \cdot \begin{pmatrix} P_{1\cdot n} \\ P_{2\cdot n} \\ \vdots \\ P_{(n-1)\cdot n} \end{pmatrix} = P_{n\cdot m'} \cdot \begin{pmatrix} \lambda_0 + \lambda_1/2 \\ \lambda_0 + \lambda_1 + \lambda_2/2 \\ \vdots \\ \lambda_0 + \lambda_1 + \cdots + \lambda_{n-1}/2 \end{pmatrix} \quad (2.65)$$

设矩阵 $X = \begin{bmatrix} P_{1\cdot n} & P_{2\cdot n} & \cdots & P_{(n-1)\cdot n} \end{bmatrix}^{-1}$，其系数矩阵为 A，等式右边常数矩阵为 B，则 $X = BA^{-1}$。

矩阵 X 和缠绕系数 $I(i)$ 的值可以根据图 2.18 所示的计算流程，输入缠绕层数及相关参数后，先求出 $\lambda(0), \lambda(1), \cdots, \lambda(n-1)$，即 $\lambda_0, \lambda_1, \cdots, \lambda_{n-1}$ 的值，后经循环后即求得。

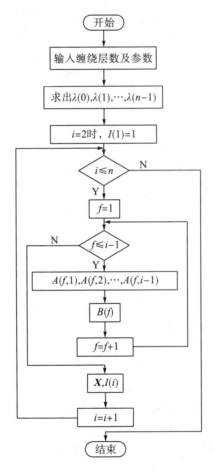

图 2.18　计算程序流程图

求得对应的张力减小量后，并耦合卷筒腹板支撑的影响，可得到钢丝绳在不同绳圈处的张力降低量、张力及径向力的变化规律。

结果分析如下：

1) 张力降低变化

在图 2.17 中，钢丝绳在 1、2 层各缠 26 圈，其中第 1 层前 3 圈为摩擦圈，在第 3 层缠 10 圈，总共缠绕 59 圈。由钢丝绳拉力公式(2.1)及表 2.4 参数，利用 MATLAB 数值求解得提升循环中钢丝绳张力变化规律如图 2.19 所示。图 2.19 中，提升时钢丝绳张力呈三阶段递减，这是因为提升端钢丝绳垂直长度的减小使钢丝绳张力逐渐减小，且三阶段速度运行时加减速阶段惯性力作用引起的钢丝绳张力波动较大。

表 2.4　中信重工 2JKD-8X4.2 样机参数

参数	数值	参数	数值
提升高度/m	1500	钢丝绳纵向弹性模量 E_S/MPa	1.2×10^5
卷筒直径 R/m	4	钢丝绳横向弹性模量 E_r/MPa	1.5×10^3
最大提升载荷 Q_0/t	80	筒壳弹性模量 E_d/MPa	2.1×10^5
提升加速度 a_0/(m·s^{-2})	0.75	钢丝绳钢丝横截面面积和 A_S/mm^2	2.079×10^3
最大静张力 S/kN	1480	钢丝堆叠角 α/(°)	59
钢丝绳单位质量 p_0/(kg·m^{-1})	23.4	钢丝绳泊松比 v_r	0.2
缠绕层数	3	钢丝绳绳间摩擦系数 μ_r	0.16
绳槽节距 t_0/mm	78	筒壳厚度 δ/mm	120
钢丝绳直径 d/mm	76	缠绳区宽度 B/m	2.1

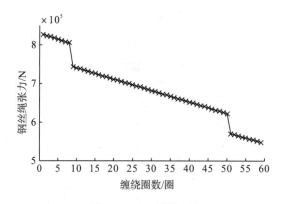

图 2.19　钢丝绳张力

分析提升过程中钢丝绳张力降低量的变化规律：因左右绳区钢丝绳缠绕情况相同，现以左绳区第 1、5、10、15、20 绳圈为研究对象，称其为目标绳圈。图 2.20 中，因钢丝绳绳圈张力引起卷筒变形进而引起钢丝绳的变形，再引起钢丝绳张力的降低，故钢丝绳的变形变化和钢丝绳张力的变化情况一致。在第 1 绳圈处，后续缠绕 58 圈，随着钢丝绳在第 1 层自左向右缠绕，不断远离第 1 绳圈，对其产生的影响逐渐减小，故造成第 1 绳圈的变形及拉力降低量逐渐减小，总拉力降低量增速变缓。当缠绕至第 1 层第 18~23 圈和第 2 层第 24~29 圈时，因超出了对第 1 绳圈作用范围 $1.83\sqrt{\delta R}$，故变形及拉力降低量为 0，总拉力降低量保持不变。当第 2 层第 30~46 圈缠绕靠近第 1 绳圈时，其造成的变形及拉力降低量又逐渐增大，总降低量持续增加。同理，随着后续绳圈缠绕远离(或靠近)第 1 绳圈，其变形及拉力降低量减小(或增大)，总拉力降低量亦增加较慢(较快)。对于第 5

绳圈处，后续缠绕 54 圈，只有第 18～21 圈缠绕时不在影响区内，其余缠绕均会对变形和拉力降低产生影响。对于第 10、15 绳圈处，后续分别缠绕 49、44 圈，都会对其变形和拉力降低产生影响。而第 20 绳圈处，后续缠绕 39 圈，且第 15～36 圈的缠绕不在影响区内，故而造成的变形、拉力降低及总降低量均较小。

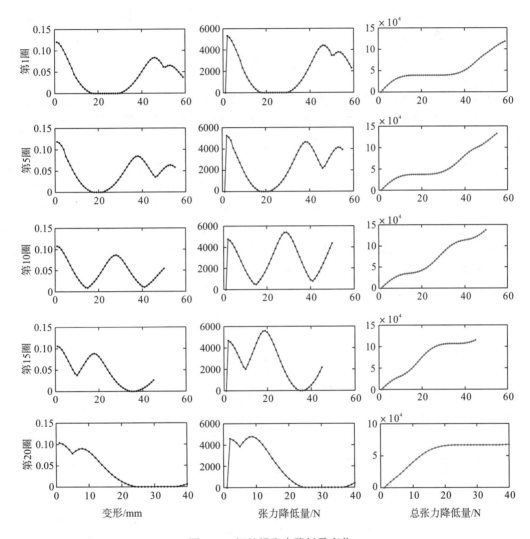

图 2.20　钢丝绳张力降低量变化

2) 张力变化

由图 2.21(a)可知，在整个提升循环中左绳区第 1 绳圈处张力降低较小，主要是因为第 1 绳圈处离左腹板最近(见图 2.17)，腹板削弱卷筒筒壳变形的作用较大，亦可知在第 18 圈至第 29 圈缠入时，由于不在第 1 绳圈的影响区内，其钢丝绳张力没有减小。在第 5 绳圈处，腹板削弱作用比第 1 绳圈处略小，使得总的张力降低略大。在第 10、15 绳圈处，腹板削弱作用更小，随着第 1 层后续绳圈缠绕的逐渐远离，其张力降低速率逐渐减小，同样，在第 2 层钢丝绳缠绕逐渐靠近又远离的过程中，其张力降低速率先增大后减小，在第

3 层缠绕时张力降低速率又逐渐增大。在第 20 绳圈处，左腹板的支撑对其不影响，因为不在左腹板影响范围 $1.83\sqrt{\delta R}$ 长度以内，在第 21 圈至第 44 圈缠绕时，张力降低较快，而后续绳圈缠绕时因不在第 20 绳圈影响范围内，张力不再减小。由图亦知，整个提升过程中，第 1、5、10、15、20 绳圈处，张力总降低分别为 19.8%、22.4%、25.6%、21.8%、13.1%，故知在第 10 绳圈处张力降低最大，第 20 绳圈处张力降低最小，是因为在第 10 绳圈处，左腹板对其削弱较小，且后续所有绳圈的缠绕均使其张力减小，而在第 20 绳圈处，左腹板对其不影响，且后续绳圈仅当第 21 圈至第 44 圈缠绕时才使其张力减小。

图 2.21 中右绳区第 1、5、10、15、20 绳圈处的张力变化和左绳区第 1、5、10、15、20 绳圈处的张力变化趋势相同，因为左右绳区钢丝绳缠绕情况相同，但由于同一绳圈到左右腹板的距离不同（见图 2.17），使得左右绳区对应绳圈处的张力降低量不一致。

如图 2.21(c) 所示，随着钢丝绳的不断缠入，左右绳区第 1、5、10、15、20 绳圈处的张力差值逐渐增大，最终张力差分别为 6.8%、7.5%、0.8%、-2.4%、-0.9%，均满足项目指标张力差小于 10%。其中第 1 和第 5 绳圈处差值最大，因为左绳区第 1 和第 5 绳圈离左腹板较近，腹板支撑力影响较大，而右绳区第 1 和第 5 绳圈离右腹板较远，腹板支撑力影响较小，进而由腹板位置影响引起的张力差值增加。而在左右绳区的第 10 绳圈处，因左腹板到左绳区第 10 绳圈的距离与右腹板到右绳区第 10 绳圈的距离相差较小，故相应的张力差值变化较小。同理，在左右绳区第 15 和第 20 绳圈处，因左腹板离左绳区第 15 和第 20 绳圈较远，右腹板离右绳区第 15 和第 20 绳圈较近，其对应的张力差值亦会逐渐增大。

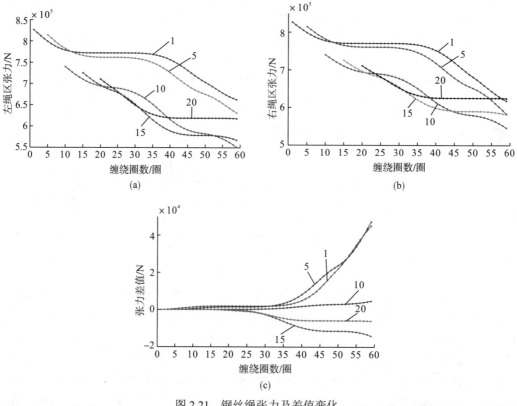

图 2.21　钢丝绳张力及差值变化

3) 径向力变化

由图 2.22(a) 可知，左绳区第 1 绳圈处径向力变化最为平缓，是因为第 1 绳圈离左腹板最近，腹板支反力对其影响最大。随着第 2 至第 17 圈的缠绕，第 1 绳圈处钢丝绳径向力持续减小，因第 1 层第 18 圈至第 2 层第 29 圈的缠绕不在第 1 绳圈的影响区内(见图 2.17)，故径向力无减小，第 2 层第 30 至第 45 圈的缠绕继续使径向力减小，当第 46 圈和第 47 圈压在第 1 绳圈上时，其径向力和第 1 绳圈处径向力累加，致使第 1 绳圈处径向力有明显跃变，同样，直到第 3 层第 52、53、54 圈压在第二层第 46、47 绳圈上时，第 1 绳圈处径向力才发生第二次跃变。对于左绳区第 5 绳圈处，当第 2 层第 42、43 圈和第 3 层第 56、57、58 圈压在第 5 绳圈上时，径向力才有明显跃变，而其他绳圈的缠绕均造成第 5 绳圈处径向力的降低。在左绳区第 10、15、20 绳圈处，因第 3 层绳圈的缠绕均不会压在第 10、15、20 绳圈上，只有第 2 层第 37 圈和第 38 圈、第 32 圈和第 33 圈、第 27 圈和第 28 圈分别压在第 10、15、20 绳圈时，其径向力才出现跃变，而其他绳圈的缠绕均引起径向力的持续减小。

图 2.22(b) 中右绳区第 1、5、10、15、20 绳圈处的径向力变化和左绳区第 1、5、10、15、20 绳圈处的径向力变化趋势亦相同。因钢丝绳径向力与张力正相关，故其两绳区径向力的差值变化与张力差值变化相同，如图 2.22(c) 所示。

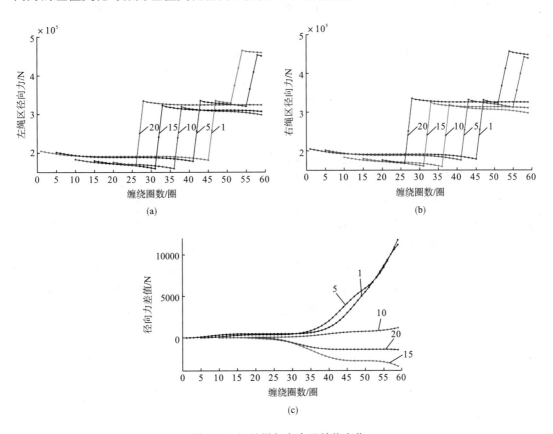

图 2.22　钢丝绳径向力及差值变化

2.4　小　　结

本章先对矿井提升常用的单绳缠绕式和多绳摩擦式提升机以及超深矿井提升机及其结构进行了叙述，然后重点对超深矿井提升机卷筒结构进行多层缠绕双钢丝绳变形失谐的影响及其控制和卷筒变形及钢丝绳变形、腹板支撑对提升钢丝绳拉力降低及张力的影响进行了研究：

(1)针对钢丝绳的出绳型式影响提升机主轴受力问题，建立了主轴受力的力学模型，推导了钢丝绳变载荷的计算通式，编写了 16 种工况下的计算程序，求解得到了提升(或下放)循环中主轴的扭矩、竖直方向力、弯矩和综合挠度等变化规律，并通过建立提升机主轴有限元模型，验证了数值结果的正确性，最终提出了钢丝绳的最佳出绳型式。研究结果表明：

①通过建立主轴力学模型推导的计算通式在提升(或下放)时对左、右卷筒都适用。即左筒提升左出绳与右筒提升右出绳、左筒提升右出绳与右筒提升左出绳、右筒下放左出绳与左筒下放右出绳、右筒下放右出绳与左筒下放左出绳计算通式一致；

②在加减速时，主轴受载和变形的突变对主轴运行的稳定性不利，采用多段加速或多阶段速度图运行有利于提升机系统平稳运行；

③钢丝绳下出绳优于上出绳，因为游筒主轴装置质量较大，故游筒采用下出绳为最佳。游筒左出绳和固筒右出绳时主轴挠度相对较小，并考虑提升系统的变形失谐及安全运行，故游筒两绳区左、下出绳和固筒两绳区右、上出绳为最佳出绳型式；

④腹板对称或非对称(L_8、L_{10} 差值 150mm 以内)时，均宜采用游筒两绳区左、下出绳和固筒两绳区右、上出绳；

⑤以上研究方法具有普适性，研究成果对结构类似的主轴装置适用，可以掌握主轴实时受载情况，对设计主轴以及确定超深矿井提升机出绳型式可提供理论参考。

(2)分析了钢丝绳在整个提升循环中张力降低量、张力及径向力的变化情况。建立了多层缠绕时钢丝绳与卷筒的受力模型，推导出了一层和多层缠绕时张力变化的计算式，并给出了相应的缠绕系数求解通式。通过同时考虑卷筒变形、钢丝绳变形及腹板支撑的影响，求解得出了钢丝绳张力等的变化规律。研究结果表明：

①提升时钢丝绳张力呈三阶段递减，提升端钢丝绳垂直长度的减小使钢丝绳张力逐渐减小，加减速阶段惯性力作用引起的钢丝绳张力波动较大；

②钢丝绳因后续绳圈缠绕引起的变形和拉力降低变化一致，后续缠绕绳圈越多，对其目标绳圈造成的总拉力降低量越大；

③第 1 层第 10 圈附近的绳圈，因腹板支撑削弱作用较小，且后续所有绳圈的缠绕均对其造成张力降低，致使最终张力总降低量较大。左右绳区同一绳圈离左右腹板距离差值越大，引起的张力差值越大，且两绳区张力差小于 10%；

④第 1 层绳圈径向力仅当上层钢丝绳压在上面时才发生明显跃变。左右绳区同一绳圈离左右腹板距离差值越大，引起的径向力差值亦越大；

⑤卷筒两绳区变形的不同步性，直接影响到钢丝绳缠绕周长，使两绳出现长度差异，引起拉力差。两绳长度差随缠绕过程变化，随缠绕层数增加，长度差增加。长度差、张力差和卷筒变形是一个在时域上相互耦合的实时响应系统，长度差的曲线会更加复杂。对腹板支撑位置进行进一步优化，可以提高两绳缠绕的同步性，降低两绳的张力差。

主要参考文献

[1] https://tieba.baidu.com/p/2980897843?red_tag=2497498574.

[2] 张步斌. 矿井提升机培训资料[M]. 洛阳: 中信重工机械股份有限公司, 2013.

[3] 刘劲军, 邹声勇, 张步斌, 等. 我国大型千米深井提升机械的发展趋势[J]. 矿山机械, 2012, 40(7): 1-5.

[4] 韩志型, 王坚. 南非深井提升系统[J]. 世界采矿快报, 1996, 12(24): 6-9.

[5] 晋民杰, 韩建华. 提升机设计理论及现代设计方法研究[M]. 北京: 国防工业出版社, 2012.

[6] 龚宪生, 罗宇驰, 吴水源. 提升机卷筒结构对多层缠绕双钢丝绳变形失谐的影响[J]. 煤炭学报, 2016, 41(8): 2121-2129.

[7] 刘守成, 依·彼·克摇其科夫. 起重机多层卷绕卷筒径向压力的研究[J]. 大连工学院学刊, 1962, 3: 25-47.

[8] 葛世荣, 孙玉荣. 多层缠绕卷筒壳载荷计算的静不定方法[J]. 中国矿业学院学报, 1987, 2: 39-48.

[9] Wang D, Zhang D, Ge S. Effect of displacement amplitude on fretting fatigue behavior of hoisting rope wires in low cycle fatigue [J]. Tribology International, 2012, 52: 178-189.

[10] 马伟, 景月帅, 李济顺, 等. 基于电液伺服系统的多绳缠绕式提升机浮动天轮主动调绳性能研究[J]. 中国机械工程, 2016, 14: 1870-1876.

[11] 浦广益. ANSYS Workbench 12 基础教程与实例评解[M]. 北京: 中国水利水电出版社, 2010: 33-88.

[12] 潘英著. 矿山提升机械设计[M]. 徐州: 中国矿业大学出版社, 2001: 69-71.

[13] 张义儒. 钢丝绳拉力降低系数的计算[J]. 河南理工大学学报(自然科学版), 1985(2):70-76.

[14] Egawa T, Taneda M. External pressure produced by multi-layers of rope wound about a hoisting drum[J]. Jsme International Journal, 1958, 1(2):133-138.

[15] 宁显国, 龚宪生, 刘文强, 等. 双绳多层缠绕式矿井提升机钢丝绳最佳出绳型式[J]. 煤炭学报,2017, 42(12): 3323-3330.

[16] 宁显国. 超深矿井提升机最佳出绳时钢丝绳与绳槽的接触特性和滑移行为[D]. 重庆: 重庆大学, 2018.

第3章　超深矿井提升机绳槽结构、布置型式对钢丝绳多层缠绕排绳运动及变形失谐的影响和控制

3.1　引　　言

绳槽作为引导钢丝绳在卷筒表面有序平稳缠绕的载体,具有十分重要的作用。好的绳槽使得钢丝绳在高速缠绳时排绳有序,不会出现乱绳和跳绳等现象,在圈间、层间过渡时钢丝绳缠绕平稳、振动冲击小。绳槽的优劣对提升钢丝绳缠绕同步性有直接影响。因此,绳槽及其形状、布置型式是多层缠绕能否平稳、顺利进行和关系到提升装备安全、高效运转的关键因素,有必要对超深矿井提升机的绳槽进行深入的理论和实验研究。对绳槽的分析研究可以从绳槽型式、绳槽参数等方面进行。

3.2　超深矿井提升机钢丝绳多层缠绕绳槽及其结构

钢丝绳多层缠绕的绳槽型式,国内外曾先后使用过螺旋绳槽、单过渡平行折线绳槽、双过渡平行折线绳槽等多层缠绕方式。这些缠绕方式的出现和使用经历了一个较长的时期,到底哪一种绳槽的缠绕方式为多层缠绕的最佳方式,人们的意见也不尽相同,而且前人也没有做过综合性比较实验研究。多层缠绕卷筒绳槽曾经出现过的型式有[1]:

(1)光筒缠绕。

(2)螺旋绳槽缠绕［图3.1(a)］:

层间过渡不加过渡措施(硬过渡);

层间过渡加过渡措施(软过渡)。

(3)单过渡平行绳槽缠绕:

平底圈间过渡［图3.1(b)］;

螺旋绳槽圈间过渡［图3.1(c)］。

(4)对称双过渡平行绳槽缠绕:

平底圈间过渡［图3.1(d)］;

螺旋绳槽圈间过渡［图3.1(e)］。

(5)非对称双过渡平行绳槽缠绕［图3.1(f)］。

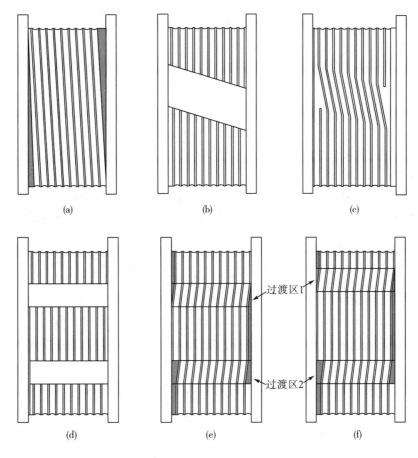

图 3.1　不同型式绳槽展开图

　　光筒缠绕，即钢丝绳直接缠绕在卷筒表面而没有绳槽，大多应用于小型起重机卷筒、卷扬机和绞车。螺旋绳槽缠绕［图 3.1(a)］，即在卷筒表面安装有螺旋绳槽，钢丝绳在卷筒表面缠绕时沿螺旋绳槽进行，主要用于矿井提升机单层缠绕，用于 2 层缠绕时，如果不加设钢丝绳层间过渡措施(称为硬过渡)，会出现钢丝绳卡绳现象和容易乱绳，加剧钢丝绳的磨损和断丝，大大地影响钢丝绳寿命和提升安全，所以现在在 2 层缠绕时，会加上层间过渡措施(称为软过渡，即加装层间过渡装置引导钢丝绳进行层间过渡)，但是由于各应用单位采用的层间过渡措施不同及其技术水平的差异，使用效果大大的不同，有的可以使得提升钢丝绳使用 2 年，而有的仅仅使用 3 个月。螺旋绳槽用于多层缠绕时，极容易引起乱绳，因而很少应用或不用。单过渡平行绳槽缠绕［图 3.1(b)，图 3.1(c)］是平行绳槽的最初型式，这种绳槽的最大问题就是钢丝绳单过渡时会在卷筒一侧产生钢丝绳鼓包，形成卷筒质量不平衡，卷筒在高速旋转时这种质量不平衡会引起质量偏心产生振动激励，进而给系统造成附加动载荷，加速轴承等零部件的损坏，所以这种绳槽很快被淘汰。双过渡平行绳槽［图 3.1(d)，图 3.1(e)，图 3.1(f)］为单过渡平行绳槽的改进型。平底圈间过渡的绳槽型式［图 3.1(b)，图 3.1(d)］在提升负载比较大时，钢丝绳在第一层轴向排绳时绳圈间会产生较大的推挤压力，加剧钢丝绳磨损，因而工程实际应用较少。对称双过渡平行绳槽

［图 3.1(e)］和非对称双过渡平行绳槽［图 3.1(f)］在过渡区为折线绳槽，它们在实践中都有应用，国外技术资料显示，在南非有用于钻石矿石等贵重矿物小载荷提升的应用。由于国外技术封锁，未见其选择依据。对于超深矿井提升，到底是采用对称双过渡平行绳槽（也称为对称双过渡平行折线绳槽）好，还是采用非对称双过渡平行绳槽（也称为非对称双过渡平行折线绳槽）好，未见研究文献报道。

本书比较研究表明，对于超深矿井提升，平行折线绳槽有利于多层缠绕钢丝绳整齐均匀排绳，但是到底是采用对称双过渡平行折线绳槽好，还是采用非对称双过渡平行折线绳槽好，需要进行深入研究。

钢丝绳多层缠绕提升过程中沿双过渡平行折线绳槽缠绕有两种运动，一种是钢丝绳从一个绳圈沿卷筒轴线方向向另外一个绳圈运动，另外一种运动是钢丝绳从一层沿卷筒直径方向向另外一层运动。这两种运动在钢丝绳多层缠绕提升过程中是不可避免的，这两种运动是否平稳直接关系到钢丝绳排绳的整齐均匀程度、钢丝绳动张力大小和钢丝绳寿命。其中圈间运动过渡过程是否平稳，与卷筒绳槽型式及其绳槽过渡区长度等参数有关。对提升机卷筒绳槽过渡区长度的理论研究成果较少[2]。Wieschel 等在申请的专利中提到，小型提升机圈间过渡区对应的圆心角应该为 45°[3]。有的提升机绳槽圈间过渡区对应的圆心角为 36°。国内卷扬机使用的平行绳槽的平行段一般占圆周的 70%~80%，剩下的 20%~30% 为折线段[4]，据此计算，70%圆周为平行段时，30%的折线段对应的角度约为 108°。1988 年中信重工生产的绳槽，每半个过渡区为 30°。但均未给出其取值的理论和实验依据。

超深矿井提升机是在重载、高速条件下运行，工作环境恶劣，卷筒直径与钢丝绳直径的比值 D/d（绳径比）较大，为保证安全，多采用椭圆股、三角股等异形股钢丝绳。而小型提升机和卷扬机通常采用直径较小的圆形股钢丝绳。这些差异导致超深矿井提升机卷筒圈间过渡区长度不同于卷扬机等小型提升机械。The South African Bureau of Standards 0294[5] 中提到圈间过渡区长度应是钢丝绳直径的 12 倍，但并未给出理论或实验依据。ABB 公司的 Johansson 等[6]提到一个圈间过渡区对应的圆心角应为 15°，即钢丝绳直径的 14 倍，也未提及其理论或实验依据。阎丽芬等[7]提出折线段所对应的圆心角与卷筒圆周角之比在 0.2~0.3 之间，此值越小，平行段的钢丝绳形成的绳沟导向性、稳定性越好。雷宽成[8]等提出适当加长倾斜段长度可减小螺旋角，使摩擦长度增加，摩擦程度减轻。

学者们利用微分几何和数学分析的方法研究钢丝绳多层缠绕圈间过渡问题[2,9,10]，研究纤维在回转体上实现多层缠绕。早期采用测地线轨迹进行缠绕，因为它最稳定且计算也相对简单。何守俭[9]给出了纤维沿测地线缠绕在回转体上的基本方程，但必须要满足不碰撞条件和完整缠绕条件。由微分几何得知，曲面上之测地线其任意一微段都可以视为短程线，短程线位置是最稳定的，故测地线位置也是最稳定、不滑线的。如果缠绕纤维偏离了测地线位置，纤维便会向测地线方向滑移。因此，测地线稳定理论之前提条件是不考虑摩擦力的存在。冷兴武[10-13]给出了在几种回转体表面沿非测地线缠绕的稳定方程。德国 Aachen 工业大学塑料工艺研究所提出考虑摩擦防止滑移的非测地线缠绕，给出非测地线缠绕稳定条件[14]。Wells 等[15]和 Scholliers 等[16]提到利用文献[14]给出的非测地线缠绕稳定条件实现了非测地线稳定缠绕。Li 等[17]首先假定文献[14]给出的非测地线缠绕稳定条件成立，利用微分几何推出了回转体非测地线缠绕轨迹的微分方程。富宏亚等[18]、付云忠等[19]根据微分几何原理，利用文献[14]给出的非测地线缠绕稳定条件并结合缠绕工艺特点推导出了非测地线缠绕的纤维稳定方程并给出了稳定的边界条件。牛岩军[20]基于微分几何原理，假定第一层钢丝绳按螺旋绳槽缠绕，研究了圈间过渡曲线的形态，提出一种计算圈间过渡点进动值的方法。钢丝绳和卷筒之间或钢丝绳与钢丝绳间都存在摩擦，而这种摩擦力可以抵抗住某种程度的滑移作用。所以，偏离测地线一定范围钢丝绳仍处于稳定位置，所以钢丝绳圈间过渡曲线可以引用非测地线稳定缠绕理论。龚宪生等[2]从钢丝绳多层缠绕过渡过程入手，以单过渡平行折线绳槽为研究对象，根据圈间过渡时钢丝绳的微分几何关系，导出降低圈间过渡钢丝绳振动的两个重要公式——圈间过渡长度和过渡角度的理论计算公式。

综上所述可知，钢丝绳在多层缠绕过程中必然会进行圈间过渡和层间过渡，如果圈间过渡区长度不合理，过渡区位置设置不合理，将会导致钢丝绳在缠绕过程中变形失谐加剧。目前国内对钢丝绳多层缠绕双过渡平行折线绳槽的圈间过渡长度的理论研究还很不够，国外有关文献很少，因此需要进行深入研究，揭示绳槽形状及其布置型式、圈间过渡曲面形状对多点提升系统变形的作用方式，寻求高效准确的理论计算方法，用于探寻钢丝绳在缠绕过程中变形失谐的机理，为钢丝绳多层缠绕圈间过渡控制变形失谐奠定理论基础。其中研究双过渡平行折线绳槽的圈间过渡区长度与卷筒直径、绳槽参数之间的函数关系极为重要，它可以为防止或抑制变形失谐，保证钢丝绳圈间过渡平稳提供理论基础和技术方法。

3.3　超深矿井提升机钢丝绳多层缠绕绳槽布置型式优劣的评价方法和指标

研究确定圈间过渡区合理长度之后，就需要研究确定绳槽布置型式，即研究钢丝绳沿绳槽缠绕一周内的两个圈间过渡区如何布置才更有利于钢丝绳的多层缠绕，如图 3.2和图 3.3 所示，同时也决定了层间过渡装置的布置位置。

在研究钢丝绳多层缠绕绳槽布置型式时，本书定义 κ 为非对称系数，用来描述两个圈间过渡区之间的相对位置。$\kappa = 1$ 时两个圈间过渡区对称布置，它们之间的相对位置间隔180°。$\kappa \neq 1$ 时两个圈间过渡区为非对称布置，如图 3.4 所示。

对称双过渡平行绳槽缠绕国内研究不多，在国外南非等矿业大国，对称和非对称双过渡平行绳槽都有应用[21,22]，主要用于超深井小载荷的贵重矿物提升。采用对称双过渡平行绳槽缠绕，钢丝绳圈间过渡时有可能对提升系统产生周期激励而引发系统共振；采用非对称双过渡平行绳槽缠绕，在卷筒高速旋转时可能会引发动卷筒质量不平衡产生附加动应力。

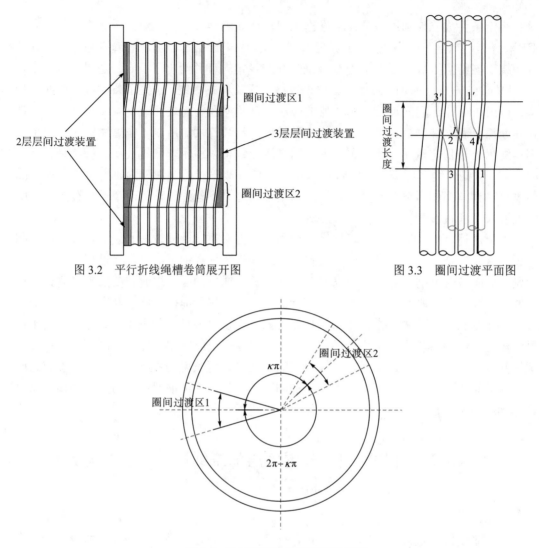

图 3.2   平行折线绳槽卷筒展开图   图 3.3   圈间过渡平面图

图 3.4   绳槽圈间过渡区布置示意图

目前，对提升机绳槽过渡区布置型式研究国内外还鲜有报道。绳槽型式和布置方式的不同，钢丝绳缠绕会有不同的表现，可以从定性和定量两个方面评价其优劣。在定性方面，可以观察多层缠绕时的表现，优良的绳槽布置型式应该是缠绕无乱绳、无滑移冲击，排绳整齐、平稳。否则为不好的绳槽布置型式。在定量方面，可以观察多层缠绕时，提升钢丝绳的垂绳和悬绳的振动状况，特别是悬绳的振动状况，同时用仪器测量悬绳的振动数据。因为不同的绳槽型式和布置方式在卷筒上圈间过渡区缠绕点处会形成不同的激励，进而引发提升系统有不同的动态响应，在提升钢丝绳的垂绳和悬绳的振幅上都有明显的表现，振幅大表明钢丝绳多层缠绕排绳不平稳，容易乱绳，甚至出现滑移冲击，严重影响系统安全。因此提出将提升钢丝绳悬绳的振幅大小作为评价绳槽型式和布置方式优劣的指标。悬绳的振幅大，表明绳槽型式和布置方式不好；悬绳的振幅小，说明绳槽型式和布置方式好。

从提升系统振动角度研究绳槽型式和布置方式的文献还很少，因此，需要探寻绳槽型式和布置方式与提升系统振动响应的变化规律，确定合理的两圈间过渡区的布置型式，使钢丝绳多层缠绕有序进行、不乱绳。

对于钢丝绳提升系统的振动，国内外学者已做了一些研究。从振动角度讲，钢丝绳缠绕提升系统是一个具有慢变频率和振型非稳态的振动系统，因为钢丝绳在提升过程中其长度随提升时间变化，所以其固有频率也是慢变的[23]。当外部激励在某个特定的时间其频率和慢变的固有频率一致时，系统会发生共振。所以对称绳槽可能会产生周期性激励，继而可能引起系统产生共振。两个圈间过渡折线区如何布置更为合理，需从整个提升系统的振动研究入手。

国内外研究缠绕式矿井提升机动态特性的文献较少，而电梯提升系统与矿井提升机系统有相似之处，即两者都具有随提升时间变化的钢丝绳绳索系统。国内外对电梯变长度绳索系统的振动做了大量的研究，电梯系统的动力学模型可以为缠绕式矿井提升机动态特性研究提供参考。

Zhu 等[24-28]先后研究了变长度、变张力的垂直移动物体(梁和弦线)在一般初始条件和外部激励下的横向振动响应，建立了高速电梯的时变长度钢丝绳的横向动力学方程，并对电梯原型和数学模型的动态响应的数值仿真做了比较；分析了钢丝绳的等幅横向振动、衰减振动、发散振动及其相互转化的原因，最后通过数字仿真和实验对理论分析结果进行了验证。Sandilo 等[29]建立了变长度绳索系统的动态模型，分析了可变长度、速度、张力等这些初始条件对系统横向振动响应的影响。Xabier 等[30]分析了电梯动力系统的转矩波动对提升系统纵向振动的影响，并将数值仿真结果和实验结果做了对比。Kaczmarczyk 等[31-33]以矿井提升钢丝绳为研究对象，不考虑钢丝绳振动的非线性因素，基于能量法，运用 Hamilton 原理建立了缠绕式提升钢丝绳纵向振动微分方程和能量表达式，分析了周期性外部激励作用下钢丝绳系统的共振情况，并利用多尺度法研究了变长度匀速提升钢丝绳在周期性外部激励作用下的幅频特性。Bao 等[34]基于 Hamilton 原理建立了时变长度钢丝绳非线性振动的控制方程，用 Galerkin 方法离散求解得到系统固有频率，并用实验验证了理论结果。张鹏等[35,36]、包继虎等[37,38]、张长友等[39-42]先后以任意变长度柔性提升系统的纵向-横向耦合振动为研究对象，用 Hamilton 原理建立了系统在无阻尼状态外界激励下的横、纵振耦合的振动方程，并用 Galerkin 方法离散化求解。吴娟等[43-45]、寇保福等[46,47]将理论和实验结合，探讨了摩擦式提升机的横、纵振耦合的动态特性，验证了所建变长度柔性提升系统振动方程的有效性。高速电梯提升系统和摩擦式提升系统原理相似，由固定长度和变长度钢丝绳组成。但是与缠绕式提升机结构和工作原理有所不同，因此在振动方程的建立方面也有诸多不同。

曹国华等[48-51]建立了矿井提升机钢丝绳轴向和扭转耦合振动数学模型，主要研究了箕斗装载过程钢丝绳轴向-扭转耦合振动行为。Wang 等[52]基于能量法建立了两点提升多层缠绕提升系统的横、纵振耦合方程，并用有限差分法求解方程，得到了在卷筒不圆度、负载偏斜等激励下悬垂绳的耦合振动响应。

上面分析了超深矿井提升机多层缠绕卷筒的绳槽的研究现状。虽然国内外的研究者对相关问题做了大量研究，但是针对超深矿井提升多层缠绕卷筒的绳槽的相关理论和实验研究还比较匮乏，具体体现在：①钢丝绳多层缠绕双过渡平行折线绳槽的圈间过渡长度的研究还较少，需要探寻圈间过渡区长度与绳槽参数之间的函数关系，使得设计出的圈间过渡长度能保证钢丝绳圈间过渡平稳进行。②在绳槽型式和布置方式方面，从提升系统振动角度研究绳槽型式和布置方式的理论研究还未见报道，因此，需要探寻绳槽型式与提升系统振动响应的变化规律，来保证钢丝绳多层缠绕有序进行、不乱绳。

3.4　超深矿井提升机钢丝绳多层缠绕绳槽相关参数研究

3.4.1　绳槽相关参数

由于超深矿井高速重载提升，多层缠绕钢丝绳在卷筒上缠绕时，卷筒和钢丝绳相互作用关系复杂。当钢丝绳缠绕到卷筒上后钢丝绳的张力引起卷筒变形，卷筒变形反过来又引起钢丝绳张力降低，每缠绕上一层钢丝绳也会引起卷筒变形和下层钢丝绳变形，引起下层钢丝绳张力降低，这样导致层间钢丝绳张力降低。这些与绳槽参数相关。钢丝绳与绳槽的接触是动态变化的过程，随着缠绕圈数和层数的增加而不断变化。卷筒和钢丝绳变形量大，引起的缠绕误差大，增大了多根钢丝绳同步提升的难度。合理的绳槽参数有利于钢丝绳的平稳缠绕，有利于减小缠绕误差。龚宪生等[53]建立钢丝绳多层缠绕与双绳区卷筒在圈间、层间缠绕时的耦合变形模型，得到卷筒在各圈缠绕时的受载情况。目前，关于绳槽参数的研究很少。夏荣海[54]分析了最大内偏角和缠绕间隙的关系。江华[55]从最大许用偏斜角的角度计算了螺旋绳槽相邻绳圈之间的最小间隙。南非标准 The South African Bureau of Standards 0294[5]给出南非平行折线绳槽的绳槽节距 t、绳槽半径 r_c、绳槽深度 h_n 的选取范围：

$$t = 1.055d \sim 1.070d, \qquad r_c = 0.53d \sim 0.54d, \qquad h_n = 0.3d \sim 0.31d$$

式中，d 为钢丝绳直径。

南非标准给出的这些参数的确定和选取未见其理论和实验依据。

在确定了平行折线绳槽为超深井提升钢丝绳多层缠绕的绳槽型式后，为了使得钢丝绳在多层缠绕中排绳整齐、不乱绳、不卡绳，相邻绳圈之间不接触挤压，就要求绳槽深度、绳槽半径、绳槽间隙要适当。由于多层缠绕过程中钢丝绳和卷筒相互作用关系比较复杂，因而为了设计出合理绳槽，必须要考虑卷筒及钢丝绳的变形及其相互影响。因此，就需要针对钢丝绳缠绕在卷筒上与卷筒绳槽相互作用耦合变形进行研究，运用弹性力学、材料力学、接触力学等分析钢丝绳和绳槽的作用关系，考虑钢丝绳层间拉力降低，建立卷筒和钢丝绳拉力降低相互影响的力学模型，计算钢丝绳变形量，探明钢丝绳在绳槽上的接触特征，提出绳槽参数的设计理论。通过有限元法和试验验证相结合来验证卷筒的变形，进而确定绳槽参数设计的合理性，为超深矿井提升装备绳槽参数设计提供理论参考。

3.4.1.1　钢丝绳张力及变形

超深井多绳多层缠绕式提升机采用双缠绳区右出绳方式，当容器向上提升时，两缠绳区钢丝绳在卷筒绳槽上从右向左开始缠绕。在钢丝绳缠绕过程中，卷筒受到钢丝绳的压力作用发生变形。当钢丝绳缠绕到两层及以上时，下层钢丝绳受自身拉力和上层钢丝绳压力作用产生变形。卷筒和钢丝绳的变形相互耦合，卷筒受钢丝绳压力作用发生变形使钢丝绳张力降低、变形量减小，下层钢丝绳变形同样会使自身和上层钢丝绳产生张力松弛，反作用在卷筒上引起卷筒变形量减小。在多层缠绕的工况下，由于钢丝绳张力降低，缠绕层数每增加一层，钢丝绳对卷筒的压力 P 不是线性增加的，而是随缠绕层数的增加，增量逐渐减小，由此导致随缠绕层数的增加，卷筒变形量的增量逐渐减小，钢丝绳的变形也符合这个规律。除缠绕层数外，绳槽的节距对卷筒和钢丝绳的变形也会有影响。

为了弄清楚卷筒和钢丝绳相互作用关系随缠绕层数、节距的变化规律，分析提升过程中卷筒和钢丝绳的变形量，将探讨卷筒和钢丝绳随缠绕层数、节距的耦合变形规律，建立不同层钢丝绳和卷筒的变形方程，为设计绳槽参数提供理论依据。

多层缠绕钢丝绳层间相互作用，造成下层钢丝绳受压变形。钢丝绳作用在卷筒上，造成卷筒变形。卷筒和钢丝绳的变形造成下层钢丝绳拉力降低。

设卷筒半径为 R，卷筒壁厚为 δ，卷筒弹性模量为 E，绳槽节距为 t，钢丝绳直径为 d，钢丝绳拉力为 T，以微元体 $\mathrm{d}\theta$ 对应的卷筒受力进行分析，单位长度上钢丝绳对卷筒压力为 P，卷筒受周向正压应力为 σ，应变为 ε_1，径向变形量为 ΔR，如图 3.5 所示，建立卷筒的受力变形方程：

$$2\sigma t\delta \sin\left(\frac{\mathrm{d}\theta}{2}\right) = -PR\mathrm{d}\theta \tag{3.1}$$

$$\sigma = -\frac{PR}{t\delta} \tag{3.2}$$

$$\varepsilon_1 = -\frac{\Delta R}{R} \tag{3.3}$$

$$E = \frac{\sigma}{\varepsilon_1} = -\frac{PR}{t\delta} \cdot \left(-\frac{\Delta R}{R}\right) = \frac{PR^2}{t\delta\Delta R} \tag{3.4}$$

则

$$\Delta R = \frac{PR^2}{Et\delta} \tag{3.5}$$

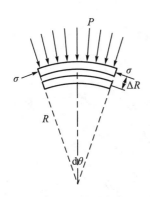

图 3.5 卷筒受力

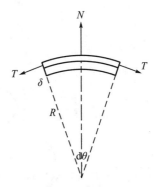

图 3.6 钢丝绳受力

钢丝绳受拉力 T 作用在卷筒上，如图 3.6 所示，其受力平衡方程为

$$N = 2T\sin\left(\frac{\mathrm{d}\theta}{2}\right) \approx T\mathrm{d}\theta \tag{3.6}$$

$$P = \frac{N}{R\mathrm{d}\theta} = \frac{T}{R} \tag{3.7}$$

代入式(3.5)中得

$$\Delta R = \frac{TR}{E\delta t} \tag{3.8}$$

从第一层缠绕开始逐层分析钢丝绳层间拉力降低，以 T_m^n 表示钢丝绳缠绕到第 n 层时第 m 层钢丝绳的拉力，$T_{m,n}$ 表示钢丝绳缠绕到第 n 层时第 m 层钢丝绳的拉力降低量，R_n 表示第 n 层钢丝绳缠绕时卷筒的径向变形量，P_n 表示第 n 层钢丝绳缠绕后产生的压力，P_1^n 表示缠绕到第 n 层钢丝绳后第 1 层钢丝绳受到的压力。

(1)当缠绕第 1 层时，钢丝绳张力为 T_1^1，卷筒变形量及受到的压力为

$$R_1 = \frac{T_1^1 R}{E\delta t} \tag{3.9}$$

$$P_1^1 = \frac{T_1^1}{R} \tag{3.10}$$

(2)当缠绕第 2 层时，第 2 层钢丝绳张力为 T_2^2，第 1 层钢丝绳张力为 T_1^2，则

$$T_1^2 = T_1^1 - T_{1,2} \tag{3.11}$$

卷筒变形量及受到的压力为

$$R_2 = \frac{(T_2^2 + T_1^2)R}{E\delta t} \tag{3.12}$$

$$P_1^2 = \frac{T_2^2 + T_1^2}{R} \tag{3.13}$$

此时，第 1 层钢丝绳受第 2 层钢丝绳的作用力如图 3.7 所示，钢丝绳摩擦系数为 μ，令 N_m^n 表示钢丝绳缠绕到第 n 层时第 m 层钢丝绳受到的竖直方向的压力，根据受力平衡可得

$$\begin{cases} F\sin\beta + F_s\cos\beta = N_1^2/2 = T_2^2\mathrm{d}\theta/2 \\ F_s = \mu F \end{cases} \tag{3.14}$$

则

$$F = \frac{T_2^2\mathrm{d}\theta}{2(\sin\beta + \mu\cos\beta)} \tag{3.15}$$

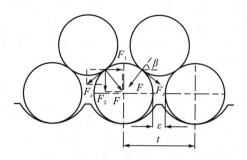

图 3.7　钢丝绳间作用力

将 F 和 F_s 沿水平和竖直方向分解，得

$$F_1 = F\cos\beta - F_s\sin\beta = F(\cos\beta - \mu\sin\beta) = \frac{T_2^2\mathrm{d}\theta\cot(\beta+\gamma)}{2} \tag{3.16}$$

其中，$\gamma = \arctan\mu$。

$$F_2 = F\sin\beta - F_s\cos\beta = \frac{T_2^2\mathrm{d}\theta}{2} \tag{3.17}$$

将竖直和水平方向力叠加，设钢丝绳的横向弹性模量为 E_1，直径为 d，变形如图 3.8 所示。

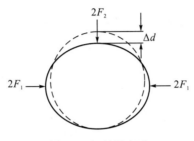

图 3.8　钢丝绳变形

钢丝绳在竖直方向的变形为

$$\Delta d_1^{2'} = \frac{2F_2}{E_1(R-R_2+d/2)\mathrm{d}\theta} \tag{3.18}$$

钢丝绳在水平方向的变形为

$$\Delta d_1^{2''} = \frac{2F_1}{E_1(R-R_2+d/2)\mathrm{d}\theta} \tag{3.19}$$

此变形是假设力作用在竖直和水平极限点，而真实钢丝绳接触力与水平面呈 β 角，以接触点竖直方向长度为比例近似表示，钢丝绳横向泊松比为 v_1，则得钢丝绳在竖直方向的总变形为

$$\Delta d_1^2 = (\Delta d_1^{2'} - v_1\Delta d_1^{2''})\sin\beta \tag{3.20}$$

令 ΔR_n 表示缠绕第 n 层时卷筒的径向变形量，则第 2 层钢丝绳缠绕后引起第 1 层钢丝绳的相对径向变形量为

$$y_1^2 = \Delta R_2 + \frac{1}{2}\Delta d_1^2 = (R_2 - R_1) + \frac{1}{2}\Delta d_1^2 \tag{3.21}$$

设钢丝绳拉伸弹性模量为 E_2，则第 1 层钢丝绳的拉力降低量为

$$T_{1,2} = \frac{\pi d^2 y_1^2}{4(R-R_1+d/2)}E_2 \tag{3.22}$$

$$\sigma = \frac{4T_{1,2}}{\pi d^2} = \frac{y_1^2}{R-R_1+d/2}E_2 \tag{3.23}$$

(3) 当缠绕第 n 层时，第 1 层钢丝绳拉力为 T_1^n，第 2 层钢丝绳拉力为 T_2^n，……，第 m 层钢丝绳拉力为 T_m^n，……，第 n 层钢丝绳拉力为 T_n^n，则

$$T_{n-1}^n = T_{n-1}^{n-1} - T_{n-1,m} \tag{3.24}$$

$$\cdots\cdots$$

$$T_m^n = T_m^m - T_{m,n} - T_{m,n-1} - \cdots - T_{m,m+1} \tag{3.25}$$

$$\cdots\cdots$$

$$T_1^n = T_1^1 - T_{1,2} - T_{1,3} - \cdots - T_{1,n} \tag{3.26}$$

$$R_n = \frac{(T_n^n + T_{n-1}^n + \cdots + T_m^n + \cdots + T_2^n + T_1^n)R}{E\delta t} \tag{3.27}$$

$$P_1^n = \frac{T_1^n + T_2^n + \cdots + T_n^n}{R} \tag{3.28}$$

对第 1 层钢丝绳有

$$\begin{cases} F\sin\beta + F_s\cos\beta = \dfrac{(T_n^n + T_{n-1}^n + \cdots + T_2^n)\mathrm{d}\theta}{2} \\ F_s = \mu F \end{cases} \tag{3.29}$$

$$F = \frac{(T_n^n + T_{n-1}^n + \cdots + T_2^n)\mathrm{d}\theta}{2(\sin\beta + \mu\cos\beta)} \tag{3.30}$$

$$F_1 = \frac{(T_n^n + T_{n-1}^n + \cdots + T_2^n)\mathrm{d}\theta\cot(\beta+\gamma)}{2} \tag{3.31}$$

$$F_2 = \frac{(T_n^n + T_{n-1}^n + \cdots + T_3^n + T_2^n)\mathrm{d}\theta}{2} \tag{3.32}$$

$$\Delta d_1^{n'} = \frac{T_n^n + T_{n-1}^n + \cdots + T_2^n}{E_1(R - R_n + d/2)} \tag{3.33}$$

$$\Delta d_1^{n''} = \frac{(T_n^n + T_{n-1}^n + \cdots + T_2^n)\cot(\beta+\gamma)}{E_1(R - R_n + d/2)} \tag{3.34}$$

$$\Delta d_1^n = (\Delta d_1^{n'} - v_1\Delta d_1^{n''})\sin\beta \tag{3.35}$$

$$y_1^n = (R_n - R_{n-1}) + \frac{1}{2}(\Delta d_1^n - \Delta d_1^{n-1}) \tag{3.36}$$

$$\sigma = \frac{4T_{1,n}}{\pi d^2} = \frac{y_1^n}{R - R_{n-1} + d/2}E_2 \tag{3.37}$$

$$T_{1,n} = \frac{\pi d^2 y_1^n}{4(R - R_{n-1} + d/2)}E_2 \tag{3.38}$$

对第 m 层钢丝绳有

$$\begin{cases} F\sin\beta + F_s\cos\beta = \dfrac{(T_n^n + T_{n-1}^n + \cdots + T_{m-1}^n)\mathrm{d}\theta}{2} \\ F_s = \mu F \end{cases} \tag{3.39}$$

$$F = \frac{(T_n^n + T_{n-1}^n + \cdots + T_{m-1}^n)\mathrm{d}\theta}{2(\sin\beta + \mu\cos\beta)} \tag{3.40}$$

$$F_1 = \frac{(T_n^n + T_{n-1}^n + \cdots + T_{m-1}^n)\mathrm{d}\theta\cot(\beta+\gamma)}{2} \tag{3.41}$$

$$F_2 = \frac{(T_n^n + T_{n-1}^n + \cdots + T_{m-1}^n)\mathrm{d}\theta}{2} \tag{3.42}$$

$$\Delta d_m^{n\prime} = \frac{2F_2}{E_1[R - R_n + (m-1/2)d\sin\beta - \Delta d_1^n - \Delta d_2^n - \cdots - \Delta d_{m-1}^n]\mathrm{d}\theta} \tag{3.43}$$

$$\Delta d_m^{n\prime\prime} = \frac{2F_1}{E_1[R - R_n + (m-1/2)d\sin\beta - \Delta d_1^n - \Delta d_2^n - \cdots - \Delta d_{m-1}^n]\mathrm{d}\theta} \tag{3.44}$$

$$\Delta d_m^n = (\Delta d_m^{n\prime} - v_1 \Delta d_m^{n\prime\prime})\sin\beta \tag{3.45}$$

$$y_m^n = (R_n - R_{n-1}) + (\Delta d_1^n - \Delta d_1^{n-1}) + (\Delta d_2^n - \Delta d_2^{n-1}) + \cdots + \frac{1}{2}(\Delta d_m^n - \Delta d_m^{n-1}) \tag{3.46}$$

$$\sigma = \frac{4T_{m,n}}{\pi d^2} = \frac{y_m^n E_2}{R - R_{n-1} + (m-1/2)d\sin\beta - \Delta d_1^n - \Delta d_2^n - \cdots - \Delta d_{m-1}^n} \tag{3.47}$$

$$T_{m,n} = \frac{\pi d^2 y_m^n E_2}{4[R - R_{n-1} + (m-1/2)d\sin\beta - \Delta d_1^n - \Delta d_2^n - \cdots - \Delta d_{m-1}^n]} \tag{3.48}$$

3.4.1.2　绳槽直径、绳槽最小和最大直径

当钢丝绳在多层缠绕之后,受自身拉力和上层钢丝绳的挤压会发生变形,当缠绕 n 层后, 第 1 层钢丝绳变形量最大,用 Δd_1^n 表示缠绕 n 层时第 1 层钢丝绳的变形量。为了保证第 1 层钢丝绳在变形后能够得到绳槽的良好支撑,应选取合适的绳槽直径 d_c 参数。如图 3.9 所示,当 $d_c < d$,钢丝绳没有落入绳槽中,而是卡在绳槽边缘,在上层钢丝绳压力作用下钢丝绳会卡紧在绳槽中,对钢丝绳受力极为不利,严重影响钢丝绳寿命;当 $d_c = d$,在钢丝绳未变形之前钢丝绳正好能够落入绳槽中,但随着缠绕层数的增加,钢丝绳的变形量逐渐增大,钢丝绳变形后紧紧地卡在绳槽中,钢丝绳被严重挤压变形,绳股内部挤压力增大,对钢丝绳使用寿命不利,同时还会造成绳槽磨损严重,影响缠绕准确性;当 $d_c > d$,绳槽直径略大于钢丝绳直径,钢丝绳能够得到良好的支撑作用,并且不会被卡紧在绳槽中。因此,绳槽直径应略大于钢丝绳直径。

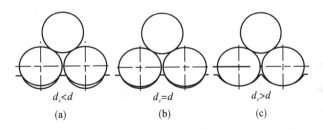

图 3.9　3 种绳槽直径

将钢丝绳变形后的截面形状看作椭圆截面,为了保证钢丝绳变形后不会被卡在绳槽中,取椭圆截面长轴为绳槽最小直径,即当缠绕 n 层时, $d_c \geq d + \Delta d_1^n$,此即为绳槽最小直径。应保证绳槽直径 $d_c \geq d + \Delta d_1^n$,否则,随缠绕层数的增加,当缠绕到某一层时变形后的钢丝绳长轴大于绳槽直径,此时会对绳槽产生很大的挤压力,随卷筒的变形,钢丝绳产生张力松弛,第 1 层钢丝绳相对绳槽和上层钢丝绳会产生微量滑移,钢丝绳与绳槽之间

的摩擦力将增大，影响绳槽和钢丝绳的使用寿命。

如果绳槽直径过大，绳槽对钢丝绳的支撑区域变小，钢丝绳在绳槽内不稳定，上层钢丝绳落入下层两相邻钢丝绳绳圈形成的绳槽中时，容易使钢丝绳在绳槽内产生旋转，使钢丝绳与绳槽摩擦加剧，不利于钢丝绳的稳定缠绕，同时，当节距 t 一定时，绳槽直径过大必然导致绳槽深度减小，同样不利于钢丝绳在绳槽中保持稳定。

综上所述，绳槽直径宜选取略大于多层缠绕变形后的钢丝绳椭圆截面长轴，即绳槽直径只需略大于绳槽最小直径，即 $d_c \geq d + \Delta d_1^n$。

3.4.1.3　绳槽节距

1) 最小绳槽节距

当钢丝绳在多层缠绕发生变形后，绳圈之间的间隙减小，为保证缠满 n 层后绳圈之间不发生接触挤压，以多层缠绕钢丝绳发生变形后第一层钢丝绳相邻绳圈之间发生接触的临界状态对应的节距为绳槽最小节距，即绳槽最小节距 $t_{\min} \geq d + \Delta d_1^n$，如图 3.10 所示。

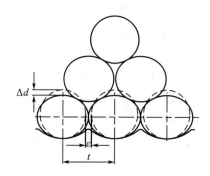

图 3.10　绳槽最小节距

因此钢丝绳变形前钢丝绳相邻绳圈之间的最小间隙为

$$\varepsilon_{\min} = \Delta d_1^n \tag{3.49}$$

最小节距为

$$t_{\min} = d + \varepsilon_{\min} \tag{3.50}$$

2) 最大绳槽节距

以第一层和第二层为例进行分析，如图 3.11 所示。当节距 $t < \sqrt{2}d$ 时，第 2 层钢丝绳在自身拉力和第 3 层钢丝绳压力作用下落在第 1 层钢丝绳形成的绳槽之间，对 1 层钢丝绳的作用力在水平方向的分量小于竖直方向的分量，即 $F_1 < F_2$；当节距 $t = \sqrt{2}d$ 时，第 m 层钢丝绳在自身拉力和第 $m+1$ 层钢丝绳压力作用下落在第 $m-1$ 层钢丝绳形成的绳槽之间，对 $m-1$ 层钢丝绳的作用力水平方向和竖直方向分量相等，$F_1 = F_2$；当节距 $t > \sqrt{2}d$ 时，水平方向分量大于竖直方向分量，即 $F_1 > F_2$，此时，钢丝绳在自身拉力和上层压力的共同作用下，有嵌入下层钢丝绳形成的绳槽中的趋势，并且这种趋势随节距的增大而变得更加明显，当节距 t 增大到某个值时，最终会导致钢丝绳嵌入下层绳槽之间，形成"卡绳"，在提升下降放绳时由于"卡绳"会引起钢丝绳中拉力骤增，导致剧烈磨损，还可能引起钢丝

绳中的钢丝断丝，严重影响钢丝绳寿命和提升安全，如图 3.11 所示。因此，将绳槽的最大节距取为

$$t_{\max} = \sqrt{2}d \tag{3.51}$$

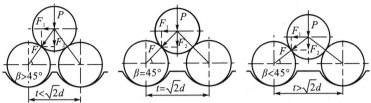

图 3.11　绳槽最大节距

3.4.1.4　绳槽深度

设 P_1^n 表示缠绕 n 层时作用在第一层钢丝绳上的总压力，b_1^n 表示缠绕 n 层时第一层钢丝绳与绳槽的接触宽度，如图 3.12 所示。

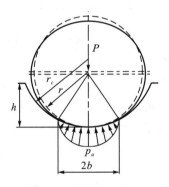

图 3.12　钢丝绳和绳槽接触

根据赫兹接触理论[56]，可推导出：

$$b_1^n = \sqrt{\dfrac{2P_1^n(k_c + k)d_c d}{\pi(d_c - d)}} \tag{3.52}$$

其中，$k = \dfrac{1 - v_1^2}{E_1}$，$k_c = \dfrac{1 - v_2^2}{E_3}$，分别为钢丝绳和绳槽的弹性特征系数，$v_1$、$E_1$ 和 v_2、E_3 分别为钢丝绳和绳槽泊松比、弹性模量。

用 h_n 表示缠绕至第 n 层时第一层钢丝绳与绳槽的接触深度，通过钢丝绳和绳槽接触的几何关系，可得

$$h_n = r_c - \sqrt{r_c^2 - (b_1^n)^2} \tag{3.53}$$

3.4.2　绳槽参数的仿真试验研究

以中信重工超深井试验台提供的参数为依据，见表 3.1。

表 3.1　超深矿井提升系统试验台参数

参数	参数值
钢丝绳直径 d/mm	10
卷筒直径 D/mm	800
卷筒壁厚 δ/mm	20
提升容器和重物总质量 M/t	2
卷筒弹性模量 E/GPa	210
钢丝绳横向弹性模量 E_1/MPa	227.6
钢丝绳轴向弹性模量 E_2/GPa	90
绳槽弹性模量 E_3/GPa	210
钢丝绳摩擦系数 μ	0.3
钢丝绳泊松比 ν_1	0.132
绳槽泊松比 ν_2	0.31

将表 3.1 中的参数代入 3.4.1.1 节中钢丝绳张力及变形的数学模型，通过 MATLAB 计算每层缠绕时钢丝绳的变形量和拉力变化情况，再通过几何关系计算缠满 n 层后，绳槽的最小节距、最小直径、绳槽深度随缠绕层数、节距的变化情况。由于实际超深井提升系统缠绕 3 层就可以满足要求，为了使所得的绳槽参数将来能够适用于超深井，按照缠绕 6 层时来计算，得到缠满 6 层时绳槽参数值。根据计算的结果，缠绕 6 层时最小节距如表 3.2 所示，对应的曲线图如图 3.13 所示。

表 3.2　不同层最小节距值

层数 n	1	2	3	4	5	6
t/mm	10	10.091	10.157	10.225	10.281	10.326

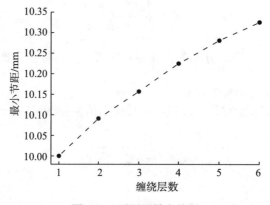

图 3.13　不同层最小节距

根据表 3.2 和图 3.13 可知,当缠绕 1 层时,绳槽的节距最小值为 10mm;当缠绕 2 层时,绳槽的节距最小值为 10.091mm;当缠绕 3 层时,绳槽的节距最小值为 10.157mm;当缠绕 4 层时,绳槽的节距最小值为 10.225mm;如果节距小于这些值,由于上面层钢丝绳的张力和卷筒耦合作用会使得第一层钢丝绳变形,相邻绳圈将相互接触挤压。当缠绕 6 层时,绳槽的节距最小值为 10.326mm,如果节距小于 10.326mm,则缠满 6 层时第一层钢丝绳相邻绳圈将相互接触挤压,绳圈之间的磨损加大,容易引起断丝,不利于延长钢丝绳的使用寿命,不利于提升系统的安全运行。

如图 3.14 所示,$d_1 \sim d_6$ 分别表示缠绕 1~6 层时,绳槽最小直径随节距的变化曲线。2~6 层最小绳槽直径随着节距的增大而减小,因为随着节距的增大,钢丝绳变形量将减小,因此其最小直径也随之减小。如图 3.15 所示,随着缠绕层数的增加,绳槽直径逐渐增大,且节距越小时,增大的趋势较节距大时明显,这是由于节距较小时钢丝绳的变形量较大,且节距越小,钢丝绳变形量增大的趋势越明显,说明钢丝绳变形与节距是非线性关系。图 3.16 表示节距 $t = 10$mm 和 $t = 14.14$mm 时各层绳槽直径的变化,由此可知,节距从最小值到最大值范围内变化时,绳槽直径也有明显的变化,且随着缠绕层数的增加,绳槽直径的变化范围逐渐增大。

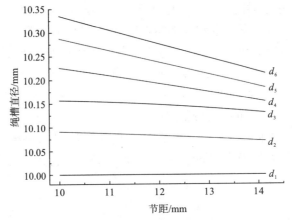

图 3.14　不同节距下各层绳槽直径取值

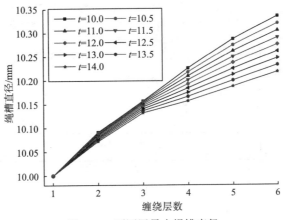

图 3.15　不同层最小绳槽直径

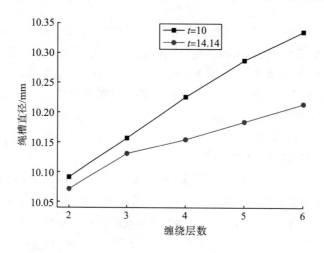

图 3.16　2~6 层绳槽直径

缠满 6 层时，第 1 层钢丝绳变形量随节距的变化量不大，约为 0.12mm，因此取绳槽直径为钢丝绳变形量最大时的直径，此时 d_c 为 10.326mm。根据式(3.52)，计算绳槽直径为 10.326mm 时不同节距下第 1 层钢丝绳与绳槽接触宽度 b，如图 3.17 所示。

由图 3.17(a)可知，缠绕层数为 1~6 层时，各层缠绕时钢丝绳与绳槽的接触宽度随着节距的增大逐渐减小，因为节距增大钢丝绳变形量减小，与绳槽的接触宽度也随之减小。由图 3.17(b)可知，接触宽度随缠绕层数的增加而增大，但不是线性关系，而是层数越多，增大得越平缓，这是由于层间拉力降低引起的；2~6 层缠绕时，不同节距下，接触宽度变化幅值很小，其中第 2 层时为 0.44mm，第 3 层缠绕时差值为 0.45mm，第 4 层为 0.51mm，第 5 层为 0.92mm，第 6 层为 0.98mm。4~6 层时整体增大得比较缓慢，且节距越小，增大的幅度越大。

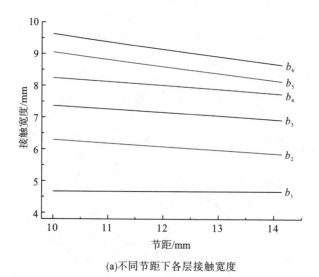

(a)不同节距下各层接触宽度

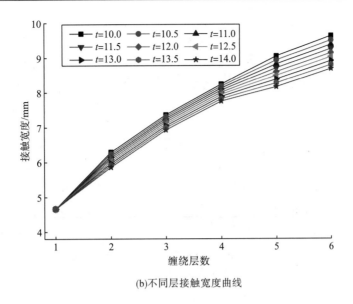

(b)不同层接触宽度曲线

图 3.17　不同节距下各层、不同层接触宽度

通过钢丝绳与绳槽接触的几何关系计算可得，如图 3.18(a)中，各层接触深度随着节距 t 的增大而减小，随缠绕层数的增加而增大，因为随着节距的增大，上层钢丝绳对第一层钢丝绳沿竖直方向的分力将减小，导致钢丝绳变形量减小，从而钢丝绳与绳槽的接触深度也将减小，而随着缠绕层数的增加，第一层钢丝绳受上层钢丝绳作用力增大，变形量也增大，因此和绳槽的接触深度也随之增大。图 3.18(b)中，缠绕 2 层和缠绕 3 层时接触深度变化不大，因为在缠绕 3 层以内时，卷筒和钢丝绳变形量较小，节距对变形量的影响不大；当缠绕 4 层及以上时，节距越小，接触深度相对 2~3 层增加值比较明显，节距越大，接触深度增加比较平缓，因为随着缠绕层数的增加，节距对钢丝绳变形量的影响逐渐增大，和图 3.14 的变化相符合。在选取绳槽参数时，应适当增大绳槽深度，保证绳槽深度略大于钢丝绳与绳槽接触的实际深度，从而预留一定的安全余量。

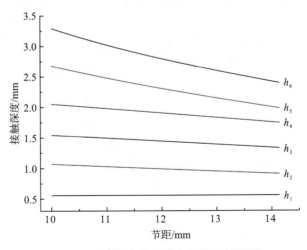

(a)不同节距下钢丝绳与绳槽的接触深度

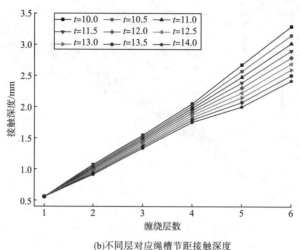

(b)不同层对应绳槽节距接触深度

图 3.18　钢丝绳与绳槽的接触关系

将图 3.18 中的数据列成表，如表 3.3 所示。

表 3.3　接触深度变化范围

缠绕层数	2	3	4	5	6
绳槽深度/mm	0.907~1.070	1.329~1.545	1.744~2.052	1.982~2.678	2.395~3.294

由图 3.19 可以看出，层间拉力降低系数随节距的增大而减小，因为卷筒和钢丝绳变形量随节距的增大而减小，变形量越大，层间拉力降低量就越大。在缠绕至第 6 层时，层间拉力不是逐层增加的，而是受节距的影响，$t=10\sim12$mm 时，1~3 层逐渐减小，第三层达到最低，4~6 层缠绕时钢丝绳拉力逐渐增大，并且第 4 层拉力大于第一层拉力，因为此时第 1~2 层钢丝绳和卷筒变形量较大，造成第 3 层钢丝绳拉力降低比较明显；$t>12$mm时，层间拉力在第二层达到最小值，且第 3 层和第 1 层拉力接近，此时卷筒和钢丝绳的变形量较小，第 2 层拉力有比较明显的降低，而对第 3 层的影响相对较小。

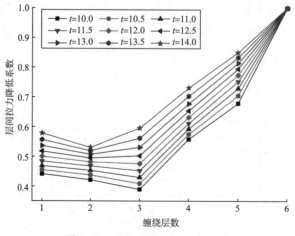

图 3.19　不同节距层间拉力降低

3.4.3　实际提升样机系统绳槽参数研究

对于实际的超深矿井，中信重工设计了其提升机样机主要参数，参数如表 3.4 所示。为了适应多种超深井提升，拟采用的卷筒直径分别为 6m、7m、8m，所用钢丝绳为三角股结构的钢丝绳，钢丝绳直径在 40～76mm。用前面提出的方法计算不同载荷下，绳槽节距为 $d \sim \sqrt{2}d$，对应不同卷筒直径和不同钢丝绳直径时钢丝绳的变形量，从而计算对应的绳槽参数。

表 3.4　超深矿井提升系统参数

参数	参数值
钢丝绳直径 d/mm	40~76
卷筒直径 D/m	6/7/8
卷筒壁厚 δ/mm	120
单绳受到的总载荷 M/t	15~45
卷筒弹性模量 E/GPa	210
钢丝绳横向弹性模量 E_1/MPa	227.6
钢丝绳轴向弹性模量 E_2/GPa	90
绳槽弹性模量 E_3/GPa	210
钢丝绳摩擦系数 μ	0.3
钢丝绳泊松比 v_1	0.132
绳槽泊松比 v_2	0.31

3.4.3.1　不同提升载荷下钢丝绳的变形量

不同提升载荷下钢丝绳的变形量如表 3.5 所示。

表 3.5　不同提升载荷下钢丝绳变形量

提升载荷/t	d/mm	变形量/mm		
		D=6m	D=7m	D=8m
15	40	0.8024~0.6291	0.7031~0.5691	0.6157~0.4827
	46	0.8021~0.6497	0.7025~0.5691	0.6152~0.4828
	52	0.8179~0.6407	0.7019~0.5522	0.6147~0.4836
20	40	1.0629~0.8332	0.9063~0.7105	0.7936~0.6221
	46	1.0552~0.8547	0.9055~0.7334	0.8203~0.6428
	52	1.0542~0.8529	0.9359~0.7331	0.8197~0.6421
	58	1.0895~0.8532	0.9351~0.7323	0.8191~0.6414
	64	1.0521~0.8234	0.9343~0.7315	0.8184~0.6408
	70	—	—	0.8178~0.6409
	76	—	—	0.8172~0.6403

续表

提升载荷/t	d/mm	变形量/mm		
		D=6m	D=7m	D=8m
25	40	1.3293~1.0421	1.1221~0.8688	0.9763~0.7546
	46	1.3192~1.0684	1.1410~0.9186	1.0255~0.8047
	52	1.3633~1.0679	1.1700~0.9203	1.0247~0.8061
	58	1.3619~1.0673	1.1689~0.9221	1.0239~0.8078
	64	1.3105~1.0179	1.1679~0.9238	1.0718~0.8392
	70	—	—	1.0223~0.8117
	76	—	—	1.0215~0.8004
30	40	1.5589~1.2220	1.3597~1.0659	1.1906~0.9333
	46	1.5831~1.2822	1.3584~1.1	1.2307~0.9643
	52	1.5814~1.2796	1.4040~1.0998	1.2297~0.9632
	58	1.6344~1.2799	1.4028~1.0985	1.2287~0.9622
	64	1.5782~1.2356	1.4016~1.0973	1.2278~0.9612
	70	—	—	1.2268~0.9615
	76	—	—	1.1849~0.9284
35	40	1.8616~1.4592	1.5613~1.2065	1.3871~1.0765
	46	1.8471~1.4960	1.6097~1.2981	1.4359~1.1268
	52	1.9089~1.4952	1.6382~1.2886	1.4348~1.1285
	58	1.9069~1.4943	1.6367~1.2910	1.4336~1.1310
	64	1.8456~1.4124	1.6353~1.2934	1.5007~1.1749
	70	—	—	1.4314~1.1218
	76	—	—	1.4984~1.1740
40	40	—	1.8133~1.4213	1.5877~1.2445
	46	2.1111~1.6541	1.8115~1.4671	1.6412~1.2859
	52	2.1089~1.7062	1.8724~1.4666	1.6398~1.2844
	58	2.1794~1.7066	1.8706~1.4648	1.6385~1.2831
	64	2.1045~1.6476	1.8689~1.4632	1.6372~1.2818
	70	—	—	1.6359~1.2821
	76	—	—	1.58~1.238
45	52	—	2.1408~1.6334	1.9201~1.6057
	58	2.5246~1.9335	2.1048~1.6265	1.8684~1.4240
	64	2.4217~1.8308	2.0965~1.5911	1.9297~1.5107
	70	—	—	1.9281~1.5111
	76	—	—	1.9266~1.5095

　　表 3.5 中的值表示钢丝绳节距为 $d \sim \sqrt{2}d$ 时钢丝绳变形量的变化范围。从表 3.5 可以看出：

　　(1)钢丝绳变形量随节距的增大而减小，符合 3.4.2 节得出的结论。当卷筒直径分别为 6m、7m 和 8m，缠绕钢丝绳取不同直径时，在相同载荷作用下钢丝绳的径向变形量变化范围无明显区别。

（2）当钢丝绳直径和提升载荷固定时，钢丝绳变形量随卷筒直径的增大而减小，因为卷筒直径增大时，钢丝绳对卷筒的周向压力减小，上层钢丝绳对下层钢丝绳的压力也会减小，从而减小了钢丝绳的变形量。

（3）提升载荷为 15t 时，钢丝绳最大变形量为 0.8179mm；提升载荷为 45t 时，钢丝绳最大变形量为 2.5246mm。

由此可以看出，提升钢丝绳变形量与提升载荷近似呈正比关系，卷筒直径越小，钢丝绳变形量越大，因为当钢丝绳直径和提升载荷不变时，钢丝绳对卷筒的径向压力将减小，钢丝绳受到上层钢丝绳的压力将减小，从而变形量也减小。

3.4.3.2　不同直径卷筒的绳槽参数

不同提升载荷下，需要的卷筒直径不同，分别设计为 6m、7m、8m，对应的提升钢丝绳直径也不同，钢丝绳直径取 40～64mm，对应绳槽节距为 $d \sim \sqrt{2}d$ 。由此计算对应绳槽参数。

1.6m 卷筒绳槽参数

1）绳槽最小直径

钢丝绳直径 40～64mm，在节距为 $d \sim \sqrt{2}d$ 时，不同提升载荷下的绳槽最小直径取值如图 3.20 所示。

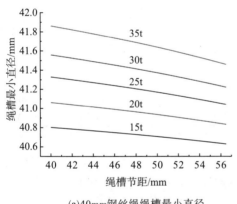

(a)40mm钢丝绳绳槽最小直径

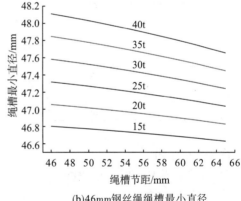

(b)46mm钢丝绳绳槽最小直径

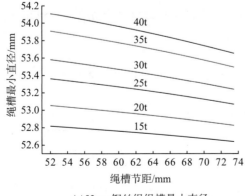

(c)52mm钢丝绳绳槽最小直径

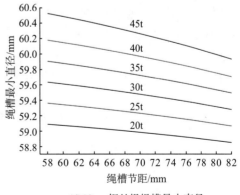

(d)58mm钢丝绳绳槽最小直径

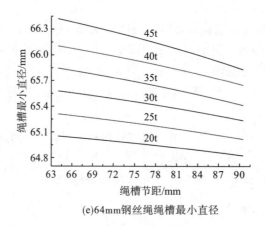

(e)64mm钢丝绳绳槽最小直径

图 3.20 不同直径钢丝绳绳槽最小直径

2) 钢丝绳与绳槽的接触深度

由于在卷筒直径、提升载荷和钢丝绳直径确定时，钢丝绳和绳槽的接触深度随节距变化幅度很小，因此，将接触深度近似看作最大变形时的接触深度。卷筒直径为 6m、钢丝绳直径取值为 40~64mm 时不同载荷下钢丝绳与绳槽的接触深度如表 3.6 所示。

表 3.6 6m 卷筒钢丝绳接触深度

d/mm	接触深度/mm						
	15t	20t	25t	30t	35t	40t	45t
40	8.061	12.056	12.343	12.504	12.542	—	—
46	9.184	13.984	14.433	14.544	14.693	14.967	—
52	10.118	16.077	15.441	15.950	15.722	15.876	—
58	—	16.970	17.283	16.852	17.613	18.571	18.936
64	—	19.960	20.458	19.789	20.657	20.744	20.936

由表 3.6 可知：

(1) 提升载荷相同时，钢丝绳与绳槽的接触深度随钢丝绳直径的增大而增大。

(2) 钢丝绳直径相同时，钢丝绳与绳槽的接触深度随提升载荷的增加而增大，其中 15~20t 时接触深度有明显的增加，20~45t 时接触深度缓慢增加。

(3) 钢丝绳直径为 40~64mm 时，钢丝绳与绳槽的最大接触深度分别为 12.542mm、14.967mm、15.876mm、18.936mm、20.936mm。

3) 最小绳槽节距

表 3.7 为钢丝绳直径为 40~64mm，6m 卷筒时不同载荷下绳槽的最小节距。

表 3.7 6m 卷筒最小绳槽节距

d/mm	最小节距/mm						
	15t	20t	25t	30t	35t	40t	45t
40	40.796	41.057	41.311	41.533	41.826	—	—
46	46.8	47.045	47.303	47.56	47.816	48.08	—

续表

d/mm	最小节距/mm						
	15t	20t	25t	30t	35t	40t	45t
52	52.813	53.045	53.349	53.561	53.881	54.073	—
58	—	59.081	59.35	59.615	59.88	60.15	60.475
64	—	65.045	65.299	65.562	65.822	66.077	66.386

由表 3.7 可知:

(1)最小节距的变化类似于钢丝绳变形量的变化规律, 最小节距与对应的钢丝绳直径的差值 $(t_{min}-d)$ 随钢丝绳直径的增大而增大, 钢丝绳直径每增大 6mm, 最小节距与直径的差值增大约 0.6mm。

(2)最小节距与钢丝绳直径的差值随提升载荷的增大而缓慢增大, 增大的幅度很小, 提升载荷每增加 5t, 差值增大值约为 0.25mm, 相对钢丝绳直径很小。

(3)钢丝绳直径为 64mm、提升载荷为 45t 时绳槽最小节距与钢丝绳直径的差值达到最大, 为 2.386mm, 为取值方便, 可近似认为最小节距大于钢丝绳直径 2.386mm。

2.7m 卷筒绳槽参数

1)绳槽最小直径

钢丝绳直径 40~64mm, 在节距为 $d \sim \sqrt{2}d$ 时, 不同提升载荷下的绳槽最小直径取值如图 3.21 所示。

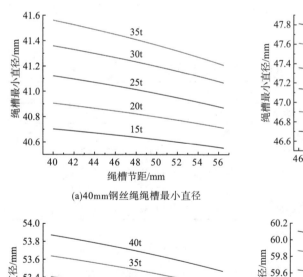

(a)40mm钢丝绳绳槽最小直径

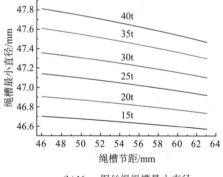

(b)46mm钢丝绳绳槽最小直径

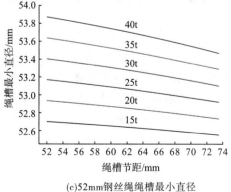

(c)52mm钢丝绳绳槽最小直径

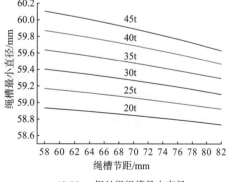

(d)58mm钢丝绳绳槽最小直径

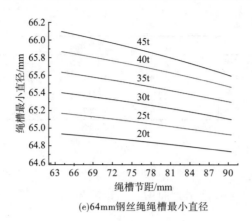

图 3.21　不同直径钢丝绳绳槽最小直径

图 3.21 中(a)~(e)表示不同载荷下不同钢丝绳直径时绳槽的最小直径取值。可以看出，提升载荷越大，绳槽最小直径取值越大。

2)钢丝绳与绳槽的接触深度

表 3.8 表示卷筒直径 7m，不同钢丝绳直径在不同载荷作用下钢丝绳与绳槽的接触深度。可以看出，与卷筒直径为 6m 时钢丝绳与绳槽的接触深度变化规律相似，钢丝绳与绳槽的接触深度随提升载荷、钢丝绳直径的增大而增大，钢丝绳直径在 40~64mm 内变化、提升载荷为 15~45t 时，钢丝绳与绳槽的最大接触深度分别为 12.514mm、14.402mm、15.436mm、17.905mm、19.795mm，接触深度与钢丝绳直径的比值分别为 0.313、0.313、0.297、0.309、0.309。

表 3.8　7m 卷筒钢丝绳接触深度

d/mm	接触深度/mm						
	15t	20t	25t	30t	35t	40t	45t
40	7.745	12.271	12.34	12.409	12.514	—	—
46	8.939	14.171	13.816	14.34	14.402	14.397	—
52	10.11	15.139	14.998	15.343	15.436	15.251	—
58	—	16.937	16.778	17.171	17.854	17.905	17.769
64	—	18.741	18.588	19.005	19.682	19.423	19.795

3)最小绳槽节距

表 3.9 为钢丝绳直径 40~64mm，7m 卷筒时，不同载荷下绳槽的最小节距。由表 3.9 可知，与卷筒直径为 6m 时最小节距的变化规律相似，最小节距与钢丝绳直径的差值随钢丝绳直径、提升载荷的增大而增大，略小于钢丝绳的变形量。根据表 3.9 中的参数，钢丝绳直径 64mm、提升载荷 45t 时，最小节距与钢丝绳直径差值最大，为 2.058mm，此时绳槽最小节距应比钢丝绳直径大 2.058mm 才能保证多层缠绕时第一层钢丝绳相邻绳圈之间变形后不发生相互接触挤压。

表 3.9　7m 卷筒最小绳槽节距

d/mm	最小节距/mm						
	15t	20t	25t	30t	35t	40t	45t
40	40.698	40.897	41.108	41.342	41.535	—	—
46	46.699	46.898	47.129	47.337	47.587	47.783	—
52	52.698	52.929	53.158	53.388	53.617	53.845	—
58	—	58.926	59.159	59.389	59.618	59.845	60.071
64	—	64.928	65.156	65.387	65.617	65.847	66.058

3. 8m 卷筒绳槽参数

1) 绳槽最小直径

图 3.22 中(a)～(g)表示钢丝绳直径在 40～76mm、提升载荷 15～45t 时绳槽最小直径随节距的变化情况。可以看出，最小直径随节距的增大而减小，随提升载荷的增大而增大。从图 3.22 中可以看出，不同载荷、不同直径时，最小直径应大于钢丝绳直径 2mm 左右。

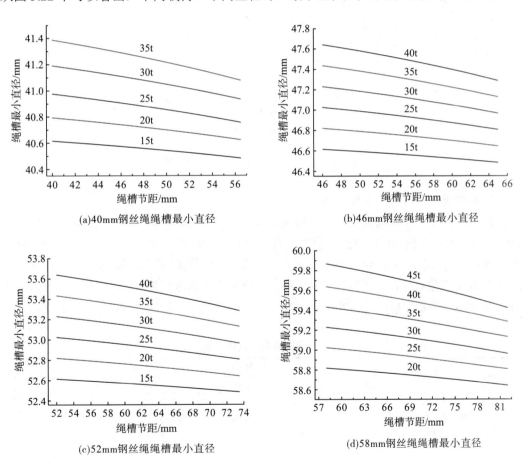

(a)40mm钢丝绳绳槽最小直径

(b)46mm钢丝绳绳槽最小直径

(c)52mm钢丝绳绳槽最小直径

(d)58mm钢丝绳绳槽最小直径

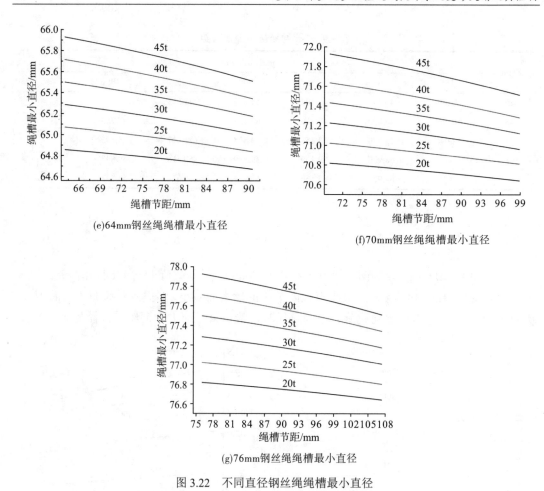

(e)64mm钢丝绳绳槽最小直径

(f)70mm钢丝绳绳槽最小直径

(g)76mm钢丝绳绳槽最小直径

图 3.22　不同直径钢丝绳绳槽最小直径

2)钢丝绳与绳槽的接触深度

表 3.10 所示为 8m 卷筒直径在不同提升载荷时对应的钢丝绳与绳槽的接触深度。可以看出，钢丝绳与绳槽的接触深度随钢丝绳直径的增大而增大，钢丝绳直径增大 6mm，接触深度增大幅值在 1.2～3.4mm 之间，提升载荷在 20～45t 范围内时接触深度无明显增大。根据表 3.10 中的值可知，不同直径下钢丝绳与绳槽最大接触深度与钢丝绳直径的比值分别为 0.32、0.303、0.305、0.308、0.285、0.308、0.294，大小与卷筒直径 6m、7m 时无明显变化。

表 3.10　8m 卷筒钢丝绳接触深度

d/mm	接触深度/mm						
	15t	20t	25t	30t	35t	40t	45t
40	7.741	12.222	12.495	12.676	12.801	—	—
46	8.931	13.378	13.231	13.787	13.889	13.942	—
52	10.101	15.144	15.001	15.64	15.762	15.843	—
58	—	16.91	16.776	17.499	17.641	17.736	17.868
64	—	17.28	17.209	17.909	18.051	18.158	18.209
70	—	20.441	20.34	21.232	21.415	21.541	20.473
76	—	22.338	22.129	21.361	21.538	21.661	21.686

3) 最小绳槽节距

表 3.11 所示为 8m 直径卷筒在不同提升载荷下不同钢丝绳对应的最小节距值。可以看出，最小节距与钢丝绳直径的差值随提升载荷的增大而缓慢增大，提升载荷增大 5t，差值增大的幅值约为 0.2mm；钢丝绳直径越大，最小节距与钢丝绳直径的差值也逐渐增大，因此钢丝绳直径为 76mm、提升载荷为 45t 时差值达到最大，为 1.906mm。尽管随着钢丝绳直径和提升载荷的变化，最小节距与直径的差值有所变化，但是变化量较小。为了简化最小节距的选取，可近似认为最小节距为 $d+2$mm，即至少保证绳槽节距大于钢丝绳直径 2mm。

表 3.11　8m 卷筒最小绳槽节距

d/mm	最小节距/mm						
	15t	20t	25t	30t	35t	40t	45t
40	40.612	40.788	40.966	41.177	41.367	—	—
46	46.612	46.814	47.015	47.217	47.417	47.617	—
52	52.612	52.813	53.016	53.218	53.418	53.617	—
58	—	58.814	59.016	59.218	59.419	59.619	59.841
64	—	64.852	65.065	65.276	65.486	65.696	65.905
70	—	70.813	71.015	72.212	72.419	72.619	71.906
76	—	76.816	77.016	77.276	77.487	77.697	77.906

分析上述数据，可知卷筒直径为 6m、7m、8m 时卷筒绳槽参数的变化规律为：

(1) 绳槽的最小节距至少应大于钢丝绳直径 2mm 及以上，对于不同提升载荷和不同钢丝绳直径都能满足多层缠绕稳定时底层钢丝绳相邻绳圈之间不会因钢丝绳变形而相互接触挤压；6m、7m、8m 卷筒绳槽最小节距与钢丝绳直径的差值分别为 2.386mm、2.058mm、1.906mm，因此，为保证多数情况下最小节距都适用，最小节距取为钢丝绳直径 $d+(2\sim3)$mm，钢丝绳直径较大、提升载荷较大时取 3mm，钢丝绳直径较小、提升载荷较小时取 2mm。

(2) 卷筒直径不同、提升载荷不同时绳槽最小直径不同，绳槽最小直径大于钢丝绳直径 0.8～2.5mm，为简便可将其取整为 1～3mm，根据不同载荷、不同钢丝绳直径选取合适的绳槽直径。当钢丝绳直径较大、提升载荷较大时，绳槽直径大于钢丝绳直径 3mm；当钢丝绳直径较小、提升载荷较小时，绳槽直径大于钢丝绳直径 1～2mm。

(3) 钢丝绳直径不同、提升载荷不同时，6m、7m、8m 直径的卷筒钢丝绳与绳槽的接触深度与钢丝绳直径的比值为 0.3 左右。由于实际绳槽深度应保证略大于接触深度，因此绳槽深度与钢丝绳直径的比值可取 0.3～0.35，提升载荷较大、钢丝绳直径较大时取 0.35，提升载荷较小、钢丝绳直径较小时取 0.3。

3.5　超深矿井提升机钢丝绳多层缠绕圈间过渡长度研究

3.5.1　圈间过渡区长度数学模型的建立

圈间过渡是钢丝绳多层缠绕沿卷筒轴向排绳时一定会遇到的一个重要问题。圈间过渡是否平稳，圈间过渡时滑移冲击的大小直接关系到排绳的整齐均匀程度、振动及钢丝绳寿命。圈间过渡是否平稳，与圈间过渡区的长度直接相关，它也从一定程度上决定层间过渡装置的结构。因此，有必要认真地研究圈间过渡区合理长度的相关参数的重要内容。本节将从钢丝绳圈间过渡过程入手，在研究分析提升钢丝绳在卷筒绳槽上缠绕的运动状态的基础上，结合微分几何、力学和数学分析的方法，利用在考虑摩擦情况下曲面沿非测地线稳定缠绕的条件，推导出合理的双过渡平行折线绳槽的圈间过渡长度的理论计算公式。

对钢丝绳多层缠绕绳槽型式的分析，确定平行折线绳槽为超深井提升钢丝绳多层缠绕的绳槽型式。根据矿井提升高度和提升负载等可以确定提升方式及钢丝绳直径 d，结合钢丝绳与卷筒的直径比要求，进而确定卷筒直径 D、卷筒宽度 B 等。钢丝绳在多层缠绕中要排绳整齐、不乱绳、不卡绳，绳槽节距 $p = d + \varepsilon$（钢丝绳直径 d、绳槽间隙 ε）、绳槽直径 d_c（或绳槽半径 r_c）和绳槽深度 h_s 要适当。适当的绳槽参数可以保证底层钢丝绳有良好的支承并引导钢丝绳沿着绳槽缠绕，同时也可保证上层钢丝绳不嵌入下层钢丝绳两绳圈之间形成的间隙内造成卡绳，而下层钢丝绳又不致相互接触产生挤压和磨损。上节做了详细研究和叙述，并给出了平行折线绳槽的绳槽节距 p（mm）、绳槽直径 d_c（mm）、绳槽深度 h_s（mm）的选取范围：

$$p = d + (2\sim3), \quad d_c = d + (0.8\sim2.5), \quad h_s = (0.3\sim0.35)d$$

3.5.1.1 钢丝绳圈间过渡时的微分几何关系

由我国矿井提升机和矿用提升绞车安全要求的有关规定[57]知道，当卷筒直径 D 与钢丝绳直径 d 之比 $D/d > 80$ 时，钢丝绳承受的弯曲应力不足以影响钢丝绳的寿命，钢丝绳在弯曲位置的刚度可以忽略。为了推导合理的圈间过渡长度公式，首先需研究钢丝绳圈间过渡期间钢丝绳间的微分几何关系，为此画出钢丝绳在平行折线绳槽圈间过渡期间的平面图和横截面图，如图 3.23、图 3.24 所示。并作如下假设：①钢丝绳截面为圆形；②钢丝绳材料均匀，忽略因钢丝绳张力产生的变形；③上下层钢丝绳之间没有挤压变形。

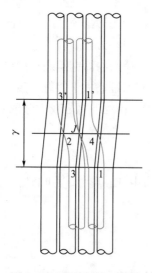

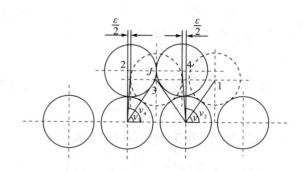

图 3.23　圈间过渡平面图　　　　　　　图 3.24　圈间过渡横截面图

选择圈间过渡时的某一根钢丝绳作为研究对象,其立体图如图 3.25 所示,当上层钢丝绳在圈间过渡区从一个绳槽爬到另一个绳槽,并将与下层钢丝绳形成一条接触曲线 L,接触曲线的形状和上层钢丝绳的母线和轴线相同,接触曲线 L 假设为上层钢丝绳的轴线,上层钢丝绳和下层钢丝绳之间的夹角为 α,上层钢丝绳与下层钢丝绳截面圆心的连线与下层钢丝绳的水平中心线之间的夹角为 v,命名为极角,相邻两圈的上层钢丝绳从下层钢丝绳形成的绳槽底部(图 3.24 的虚线圆位置)爬升至绳槽顶部(图 3.24 的实线圆位置)时,两相邻绳圈的极角分别为 v_1—v_2 和 v_3—v_4,ε 为绳槽间隙。

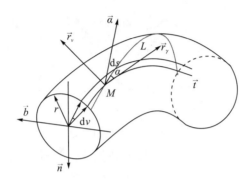

图 3.25　圈间过渡立体图

当卷筒转过角度 $\mathrm{d}\gamma$ 时,上层钢丝绳与下层钢丝绳的接触曲线 L 上的任一点 M 会移动一个微弧长 $\mathrm{d}s$,接触曲线 L 上的任一点 M 对应的极角 v 会转过一个微角度 $\mathrm{d}v$,其中 γ 为卷筒折线区对应圆心角,s 为接触曲线上某段弧线的长度,R_d 为卷筒半径,r 为钢丝绳半径。将微弧长 $\mathrm{d}s$ 向下层钢丝绳母线的切向和法向分别投影,可得以下两函数关系式:

$$\mathrm{d}s\cos\alpha = (R_d + r + r\sin v)\mathrm{d}\gamma \tag{3.54}$$

$$\mathrm{d}s\sin\alpha = r\mathrm{d}v \tag{3.55}$$

将两式线性化(略去二阶以上的高阶无穷小量)得到钢丝绳圈间过渡时相应参数之间的微分几何关系:

$$\mathrm{d}\gamma = \frac{r}{R_d + r}\frac{1}{\tan\alpha}\mathrm{d}v \tag{3.56}$$

3.5.1.2　过渡区几何参数的数学关系及合理的圈间过渡参数条件

上层钢丝绳从截面 1 位置(虚线圆)运动到下层钢丝绳的顶部截面 4 位置(实线圆),然后再运动至 1'位置,从而完成一次圈间过渡,如图 3.23、图 3.24 所示。接着此钢丝绳继续沿着下层钢丝绳形成的绳槽缠绕一周后到达 3 位置,如图 3.23 所示,开始另一次圈间过渡运动。上层钢丝绳的相邻两圈会在 J 点发生接触并产生挤压行为,并在 J 点产生推挤力,如果圈间过渡区的几何参数不合理,那么上层钢丝绳在圈间过渡的后半段 4~1'和 2~3'会产生很大的滑移冲击,即钢丝绳会从 4 点和 2 点位置快速滑落到 1'和 3'点位置,由此引起钢丝绳产生较大的振动和严重的磨损。在超深矿井提升中由于提升高度大,每一层缠绕圈数多,如果圈间过渡区的几何参数设计不合理,在每一圈都会发生这样的滑落冲击和磨损行为,这种周期性激励可能引起系统共振,造成大的危害。为了减少或降低上述危害,需要设计合理的圈间过渡长度,使得圈间过渡的两相邻的上层钢丝绳在接触点 J 处各偏移相同的距离,即各从下层钢丝绳的最高点往里偏移 $\varepsilon/2$,如图 3.24 所示,这样在 J 点产生的挤压力较小。并且两相邻钢丝绳可一直保持接触并使挤压力最小。这时上层钢丝绳在爬升阶段各极角的计算公式为

$$v_1 = v_3 = \frac{\pi}{2} - \arcsin\frac{\dfrac{d+\varepsilon}{2}}{d} = \arccos\frac{d+\varepsilon}{2d} \tag{3.57}$$

$$v_2 = \frac{\pi}{2} + \arcsin\frac{\varepsilon}{2d} \tag{3.58}$$

$$v_4 = \frac{\pi}{2} - \arcsin\frac{\varepsilon}{2d} \tag{3.59}$$

联立式(3.56)～式(3.59)可求得圈间过渡圆心角对应的弧度 γ 为

$$\gamma = 2\int_{\arccos\frac{d+\varepsilon}{2d}}^{\frac{\pi}{2}} \frac{r}{R_d + r}\frac{1}{\tan\alpha}\mathrm{d}v \tag{3.60}$$

式(3.60)就是圈间过渡时过渡区对应圆心角的几何关系式。求解此积分,必须先弄清楚 α 与 v 之间的函数关系。

为了使钢丝绳圈间过渡平稳,当上层钢丝绳从下层钢丝绳形成的绳槽底部 1 点位置爬升到下层钢丝绳顶部 4 点位置,然后再下降到达下圈绳槽底部点 1' 位置期间,就要求上层钢丝绳在这个过程中在钢丝绳张力、钢丝绳间摩擦力和挤压力的共同作用下始终保持平衡状态,所以需要找到各力平衡关系式。为研究便利,把图 3.25 翻转 180° 如图 3.26 所示。

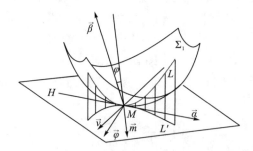

图 3.26　测地曲率 k_g 和法曲率 k_n 在接触点 M 的关系图

为研究接触曲线上各参数的微分几何关系,引入几个相关物理量。测地曲率 k_g (geodesic curvature),用于刻画曲面上曲线的内蕴弯曲程度。Σ_1 为钢丝绳翻转的曲面,L 是曲面上的接触曲线,H 是此曲面在 M 点的切平面,将接触曲线 L 上每一点在切平面投影,则曲线 L' 在 M 点的曲率就是接触曲线 L 在 M 点的测地曲率。法曲率 k_n (normal curvature),是刻画曲面在某一方向的弯曲程度的量。过曲面上一点 M 作曲面的法矢量 $\boldsymbol{m}$,它指向的方向为正,反方向为负。α 为切矢量。由微分几何的相关知识可知,曲面上之测地线其任意一微段都可以视为短程线,短程线位置是最稳定的,故测地线位置也是最稳定、不滑移的。根据非测地线稳定缠绕的条件可得

$$k_g = -k_n \mu \tag{3.61}$$

其中，$\mu = \tan\varphi$，μ 为滑动摩擦系数。曲面 $\sum_1$ 的数学方程决定了曲面上曲线 L 的测地曲率 k_g 和法曲率 k_n。为了弄清 α 与 v 之间的函数关系，首先根据微分几何相关知识写出测地曲率 k_g 和法曲率 k_n 的相关计算方法，结合式(3.60)和曲面 $\sum_1$ 的数学方程求解、化简得到 α 与 v 的微分方程，并最终求解微分方程，得到圈间过渡长度的数学模型。

3.5.1.3　圈间过渡区长度理论公式的推导

超深井提升机均配置双折线平行折线绳槽，即提升机卷筒绳槽上有两个圈间过渡区，卷筒每转动一周，钢丝绳在卷筒上缠绕就会经过两次圈间过渡，每次圈间过渡使钢丝绳沿卷筒轴向平移半个绳槽节距，从而实现钢丝绳的轴向排绳运动。因超深井的卷筒直径与钢丝绳直径之比 $D/d > 80$，所以折线区的螺旋角非常小。为研究方便，将下层钢丝绳假设成圆环面，即由半径为 r 的圆截面绕 z 轴旋转一周形成，θ 为圆环面任意位置对应的圆心角，v 为钢丝绳极角，R_d 为卷筒半径，r 为钢丝绳半径。

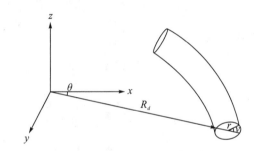

图 3.27　测地曲率 k_g 和法曲率 k_n 在接触点 M 的关系图

根据图 3.27 可以得到圆环面的数学方程为

$$\begin{cases} x = (R_d + r + r\cos v)\cos\theta \\ y = (R_d + r + r\cos v)\sin\theta \\ z = r\sin v \end{cases} \tag{3.62}$$

根据微分几何相关知识，曲面 $\sum_1$ 还可以表示为 $r = r(\theta, v)$。结合曲面的 Liouville 公式可求得

$$k_g = \frac{d\alpha}{ds} - \frac{1}{2\sqrt{G}}\frac{\partial\ln E}{\partial v}\cos\alpha + \frac{1}{2\sqrt{E}}\frac{\partial\ln G}{\partial\theta}\sin\alpha \tag{3.63}$$

结合曲面的第一基本形式、第二基本形式和 Euler 公式可得

$$k_n = \frac{II}{I} = \frac{L}{E}\cos^2\alpha + \frac{2M}{\sqrt{EG}}\cos\alpha\sin\alpha + \frac{N}{G}\sin^2\alpha \tag{3.64}$$

式中，

$$E = \vec{r}_\theta \cdot \vec{r}_\theta = \left|\frac{\partial x}{\partial\theta}\right|^2 + \left|\frac{\partial y}{\partial\theta}\right|^2 + \left|\frac{\partial z}{\partial\theta}\right|^2 \tag{3.65}$$

$$F = \vec{r}_\theta \cdot \vec{r}_v = \left|\frac{\partial x}{\partial \theta}\right|\left|\frac{\partial x}{\partial v}\right| + \left|\frac{\partial y}{\partial \theta}\right|\left|\frac{\partial y}{\partial v}\right| + \left|\frac{\partial z}{\partial \theta}\right|\left|\frac{\partial z}{\partial v}\right| \tag{3.66}$$

$$G = \vec{r}_v \cdot \vec{r}_v = \left|\frac{\partial x}{\partial v}\right|^2 + \left|\frac{\partial y}{\partial v}\right|^2 + \left|\frac{\partial z}{\partial v}\right|^2 \tag{3.67}$$

$$D = \sqrt{EG - F^2} \tag{3.68}$$

$$L = \frac{(\vec{r}_{\theta\theta}, \vec{r}_\theta, \vec{r}_v)}{D} = \frac{1}{D}\begin{vmatrix} \dfrac{\partial^2 x}{\partial \theta^2} & \dfrac{\partial^2 y}{\partial \theta^2} & \dfrac{\partial^2 z}{\partial \theta^2} \\[2mm] \dfrac{\partial x}{\partial \theta} & \dfrac{\partial y}{\partial \theta} & \dfrac{\partial z}{\partial \theta} \\[2mm] \dfrac{\partial x}{\partial v} & \dfrac{\partial y}{\partial v} & \dfrac{\partial z}{\partial v} \end{vmatrix} \tag{3.69}$$

$$M = \frac{(\vec{r}_{\theta v}, \vec{r}_\theta, \vec{r}_v)}{D} = \frac{1}{D}\begin{vmatrix} \dfrac{\partial^2 x}{\partial \theta \partial v} & \dfrac{\partial^2 y}{\partial \theta \partial v} & \dfrac{\partial^2 z}{\partial \theta \partial v} \\[2mm] \dfrac{\partial x}{\partial \theta} & \dfrac{\partial y}{\partial \theta} & \dfrac{\partial z}{\partial \theta} \\[2mm] \dfrac{\partial x}{\partial v} & \dfrac{\partial y}{\partial v} & \dfrac{\partial z}{\partial v} \end{vmatrix} \tag{3.70}$$

$$N = \frac{(\vec{r}_{vv}, \vec{r}_\theta, \vec{r}_v)}{D} = \frac{1}{D}\begin{vmatrix} \dfrac{\partial^2 x}{\partial v^2} & \dfrac{\partial^2 y}{\partial v^2} & \dfrac{\partial^2 z}{\partial v^2} \\[2mm] \dfrac{\partial x}{\partial \theta} & \dfrac{\partial y}{\partial \theta} & \dfrac{\partial z}{\partial \theta} \\[2mm] \dfrac{\partial x}{\partial v} & \dfrac{\partial y}{\partial v} & \dfrac{\partial z}{\partial v} \end{vmatrix} \tag{3.71}$$

根据式(3.63)~式(3.71)，测地曲率 k_g 和法曲率 k_n 可用 MATLAB 编程求解并化简为下式：

$$k_g = \frac{\mathrm{d}\alpha}{\mathrm{d}v}\frac{\sin\alpha}{2r} + \frac{\cos\alpha\sin v}{R + r + r\cos v} \tag{3.72}$$

$$k_n = -\frac{(R_d + r)\sin^2\alpha + r\cos v}{r(R_d + r + r\cos v)} \tag{3.73}$$

将化简结果代入式(3.61)，可得如下一阶常系数微分方程：

$$\frac{\mathrm{d}\alpha}{\mathrm{d}v}\frac{\sin\alpha}{2r} + \frac{\cos\alpha\sin v}{R + r + r\cos v} = \frac{\mu(R_d + r)\sin^2\alpha}{r(R_d + r + r\cos v)} + \frac{\mu\cos v}{R_d + r + r\cos v} \tag{3.74}$$

因为式(3.74)为一阶隐式方程，各变量耦合在一起，无法分离变量，要想解此方程，必须想办法化简方程或分离变量。钢丝绳多层缠绕一般用在深井提升中，卷筒直径较大，卷筒直径与钢丝绳直径之比 $D/d > 80$ 也较大，结合本书研究的超深井提升机卷筒半径 R_d =4000mm，钢丝绳半径 r=38mm，所以可作如下近似：

因为 $|\cos\alpha| \leqslant 1$，$|\sin v| \leqslant 1$，$\mu \leqslant 1$，继而 $\cos\alpha\sin v \leqslant 1$，所以

$$\frac{\cos\alpha\sin v}{R_d + r + r\cos v} \approx 0 \tag{3.75}$$

$$\frac{\mu \cos v}{R_d + r + r \cos v} \approx 0 \tag{3.76}$$

$$R_d + r \approx R_d + r + r \cos v \tag{3.77}$$

则方程解耦，式(3.74)可化简为

$$\frac{\mathrm{d}\alpha}{\mathrm{d}v} = 2\mu \sin \alpha \tag{3.78}$$

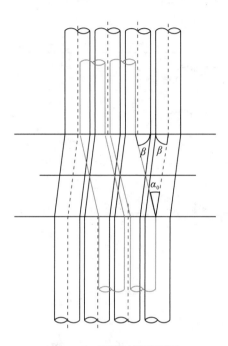

图 3.28　圈间过渡平面图

参考南非标准[5]，折线区螺旋角 $\beta \approx 89\pi/180$，接近 90°，如图 3.28 所示。所以 α 的初值为 $\alpha_0 = \pi/90$，根据本研究超深矿井提升机提出的技术指标：提升高度 1500m、提升速度 18m/s 以上、终端载荷 80t 以上、卷筒直径 8000mm、钢丝绳直径 76mm，绳槽节距取 $1.07d$，所以 $\varepsilon = 5.32\,\mathrm{mm}$。$v$ 的初值由公式(3.55)求得，即 $v_0 = 53\pi/180$，将初值代入式(3.78)，利用 MATLAB 中微分方程求解模块 ODE45，一阶常系数微分方程(3.78)的特解为

$$\alpha = 2\arctan\left(\mathrm{e}^{2\mu v - 2.02\mu - 4.05}\right) \tag{3.79}$$

把此特解代入到式(3.60)可得

$$\gamma = 2\int_{\arccos\frac{d+\varepsilon}{2d}}^{\frac{\pi}{2}} \frac{r}{R_d + r} \frac{1}{\tan\left[2\arctan\left(\mathrm{e}^{2\mu v - 2.02\mu - 4.05}\right)\right]}\,\mathrm{d}v \tag{3.80}$$

式(3.80)就是钢丝绳多层缠绕圈间过渡理论计算公式，为研究方便，将式中定积分做如下定义：

$$F(\theta) = \int_{\arccos\frac{d+\varepsilon}{2d}}^{\frac{\pi}{2}} \frac{1}{\tan\left[2\arctan\left(\mathrm{e}^{2\mu v - 2.02\mu - 4.05}\right)\right]}\,\mathrm{d}v \tag{3.81}$$

故式(3.60)写为

$$\gamma = 2\frac{r}{R_d + r}F(\theta) \tag{3.82}$$

要研究圈间过渡区对应弧长与卷筒相关参数之间的关系必须解定积分式(3.81)。Peng 等[58]、Chang 等[59,60]用实验的方法得出钢丝绳在润滑良好的情况下其摩擦系数应在 0.1~0.3 之间。因此,利用 MATLAB 中定积分求解模块 Int 代入相关参数求解并绘出其曲线图,如图 3.29 所示。

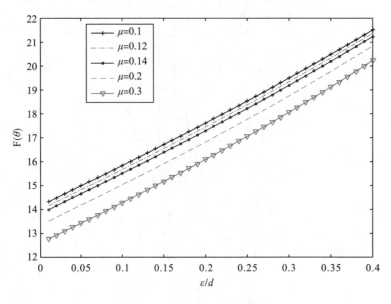

图 3.29　$F(\theta)$ 的函数关系图

3.5.2　圈间过渡区长度理论公式的研究及讨论

从图 3.29 及式(3.81)、式(3.82)可知,①圈间过渡区对应圆心角的弧度 γ 与卷筒半径 R_d、钢丝绳半径 r、绳槽间隙 ε、钢丝绳间的摩擦系数 μ 这四个参数直接有关。根据《煤矿安全规程》(2016),当选定提升卷筒直径后,与之配套的钢丝绳直径也可随之确定。若选择的绳槽节距越大,ε/d 值就越大,则 $F(\theta)$ 的值也越大,即 $F(\theta)$ 的值与 ε/d 值成正比,进而圈间过渡区对应圆心角的弧度 γ 值就越大。②当选定绳槽节距时,即 ε/d 确定后,$F(\theta)$ 的值与摩擦系数 μ 的取值成反比,即摩擦系数越小,$F(\theta)$ 的值越大,其圈间过渡区对应圆心角的弧度 γ 就越大。③如果绳槽间隙 ε 和钢丝绳间的摩擦系数 μ 确定,卷筒直径与钢丝绳直径的比值 D/d 越大,圈间过渡区对应圆心角的弧度 γ 越小。

为了更好地说明问题,现将本书推导的圈间过渡区对应圆心角弧度 γ 的理论公式代入相应参数并与南非标准和 ABB 公司的技术资料的规定作对比。根据文献[58-60],钢丝绳间的摩擦系数选为 $\mu = 0.2$。选用文献[32]深井提升系统的相关参数(此文献提供的圈间过渡区对应的圆心角 $\gamma = 0.2\text{rad}$,$R_d = 2140\text{mm}$,$r = 21.5\text{mm}$,$\varepsilon = 3.01\text{mm}$)。将这些参数代入式(3.81)和式(3.82)可得 $\gamma = 0.273\ \text{rad}$。根据南非标准 The South African Bureau of

Standards 0294[5]的相关规定,折线区(即圈间过渡区)对应的长度应是钢丝绳直径的 12 倍,经换算 $\gamma = 0.24\text{rad}$ 。根据 ABB 公司的 Johansson 等[6]提出的:两个圈间过渡区各自对应的圆心角应为 15°,即为钢丝绳直径的 14 倍,经换算 $\gamma = 0.26\text{rad}$ 。本书推导得到的圈间过渡区对应圆心角的理论公式算出的结果与南非标准和 ABB 公司的技术资料结果比较,如表 3-12 所示。

表 3.12　过渡区长度与国外标准对照表

	卷筒半径/mm	钢丝绳半径/mm	绳槽间隙/mm	摩擦系数	过渡区长度/rad
南非标准	2140	21.5	3.01	0.2	0.24
ABB	2140	21.5	3.01	0.2	0.26
本书计算	2140	21.5	3.01	0.2	0.27

由表 3.12 可知,①由本书推导所得的圈间过渡区对应圆心角的理论公式计算得出的结果比南非标准和 ABB 公司的技术资料的结果稍大,但结果接近。②在此比较计算中取的钢丝绳间的摩擦系数 μ=0.2,在真实矿井中提升环境较为恶劣,钢丝绳间的摩擦系数影响因素非常多且复杂,如钢丝绳的表面状态(油泥、矿渣、润滑脂黏度和厚度)、钢丝绳张力、钢丝绳间的接触状态和接触面积、环境温度等对摩擦系数都有影响,滑动速度可以引起温度的变化,温度变化直接改变润滑脂的性能。实际矿井中提升钢丝绳间的摩擦系数比实验室环境下的大,可以达到 0.5 左右[58-60]。

因此,为了给工程技术人员更大的参考范围,所以在计算时对摩擦系数分别赋值 0.1、0.12、0.14、0.2、0.3。根据南非标准 The South African Bureau of Standards 0294[5]的相关规定,绳槽节距 p=(1.055~1.07)d,所以 ε / d 也在 0.05~0.07 之间变动, $F(\theta)$ 的值如表 3.13 所示。从表 3.13 可以看出:摩擦系数越大, $F(\theta)$ 的值越小;绳槽间隙越大, $F(\theta)$ 的值越大。

表 3.13　不同摩擦系数和不同绳槽间隙下的 $F(\theta)$ 值

μ	$F(\theta)$		
	$\varepsilon/d=0.05$	$\varepsilon/d=0.06$	$\varepsilon/d=0.07$
0.1	14.99	15.16	15.33
0.12	14.82	14.99	15.16
0.14	14.66	14.83	15
0.2	14.18	14.35	14.52
0.3	13.43	13.6	13.77

当摩擦系数、绳槽间隙取不同值时,圈间过渡区对应圆心角弧度也不同,如表 3.14 所示。当钢丝绳间的摩擦系数取 0.1~0.3 时,过渡区弧长会在 $14d$~$15d$ 之间。根据文献[58],通常情况下润滑良好的钢丝绳间的摩擦系数取 0.12,绳槽间距取 1.070d,则样机配套的绳槽圈间过渡区弧长应为 0.285rad,约为 15 倍钢丝绳直径。

表 3.14　不同摩擦系数与过渡区长度对照表

摩擦系数	$\mu=0.1$	$\mu=0.12$	$\mu=0.14$	$\mu=0.2$	$\mu=0.3$
过渡区圆心角 γ /rad	0.289	0.285	0.282	0.273	0.259
过渡区弧长 s	$15.21d$	$15d$	$14.84d$	$14.37d$	$13.64d$

多层缠绕钢丝绳在卷筒上的缠绕分为平行直线区缠绕和过渡区缠绕。在直线区，第一层缠绕时钢丝绳绳圈间无接触，在二层及以上层缠绕时，上层钢丝绳在下层钢丝绳形成的绳槽中缠绕，摩擦磨损小，缠绕平稳。在圈间过渡缠绕时，钢丝绳通过在两个圈间过渡区的轴线方向运动来实现排绳的绳圈过渡运动，因此，钢丝绳在圈间过渡区的磨损远大于在直线区。如果圈间过渡区过长，那么每一圈的钢丝绳就会有更多部分处于"无槽可归"的状态，而且会加大钢丝绳磨损段长度。为了减少钢丝绳的磨损，钢丝绳在使用一段时间后可以通过"剁绳头"来错开钢丝绳圈间过渡区的磨损位置，增加钢丝绳的有效使用时间。同样，如果圈间过渡区过短，上层钢丝绳在圈间过渡时会形成剧烈的滑移冲击，从而使钢丝绳磨损严重，有可能形成卡绳并加重钢丝绳悬绳的振动使得多层缠绕无法顺利进行。本节在分析钢丝绳多层缠绕圈间过渡运动行为及其微分几何关系、力学等关系理论的基础上，提出和建立的圈间过渡区长度计算理论、方法及其计算结果，对于超深矿井提升机多层缠绕卷筒绳槽的设计与参数选用具有极为重要的理论和实用价值。

3.6　超深矿井提升机钢丝绳多层缠绕两圈间过渡区布局研究

上节对合理的圈间过渡区长度作了详尽的理论推导，确定了合理的圈间过渡区长度并得到了计算其合理长度的理论公式。由前面研究知道，超深井提升多层缠绕卷筒平行折线绳槽有两个圈间过渡区，这两个圈间过渡区如何布置在绳槽上对于钢丝绳多层缠绕的有序平稳进行极为重要。本节研究"平行折线绳槽的两圈间过渡区布局"这一重要问题。

在 3.2 节中，在研究钢丝绳多层缠绕绳槽布置型式时，知道平行折线绳槽的两圈间过渡区布局可以分为对称布置和非对称布置。3.3 节中，笔者定义非对称系数 κ 来描述平行折线绳槽的两圈间过渡区布局，即两个圈间过渡区之间的相对位置，非对称系数 $\kappa=1$ 时，两圈间过渡区布局为对称布置，它们之间的相对位置间隔 $180°$；非对称系数 $\kappa \neq 1$ 时，两圈间过渡区布局为非对称布置，如图 3.4 所示。两圈间过渡区布局方式不同，钢丝绳缠绕会有不同的表现。在 3.3 节中，笔者从定性和定量两个方面提出了超深矿井提升机钢丝绳多层缠绕绳槽布置型式优劣的评价方法和指标，用来评价其优劣。在定性方面，可以通过观察多层缠绕时的表现来评价，优良的绳槽布置型式应该是钢丝绳进行层间和圈间过渡时缠绕无乱绳、无滑移冲击，排绳整齐、平稳，否则为不好的绳槽布置型式。在定量方面，可以观察和用仪器测量多层缠绕时提升钢丝绳的垂绳和悬绳的振动状况，特别是悬绳的振动状况。因为不同的绳槽型式和布置方式在卷筒上圈间过渡区缠绕点处会形成不同的激励，提升系统有不同的动态响应，在提升钢丝绳的垂绳和悬绳的振幅上都有明显的表现，振幅大，表明钢丝绳多层缠绕排绳不平稳，容易乱绳，甚至出现滑移冲击，严重影响系统安全。因此提出将提升钢丝绳悬绳的振幅大小作为评价绳槽型式和布置方式优劣的指标。悬绳的振幅大,表明两圈间过渡区布局方式不好;悬绳的振幅小,说明两圈间过渡区布局方式好。本节将从提升系统振动响应角度,探讨不同的圈间过渡区的布置型式对提升系统振动的变化规律的影响,由此确定两圈间过渡区布局。

首先基于 Hamilton 原理,建立矿井提升系统的振动方程,其次推导出绳槽过渡区按不同非对称系数布置时的边界激励函数,将非齐次边界条件转化为齐次边界条件并代入振动方程,然后用 Galerkin 方法将偏微分方程组离散成常微分方程组,并以某超深矿井为例,仿真研究平行折线绳槽两圈间过渡区在不同布局下的提升系统振动响应变化规律,以悬绳的振幅大小来评价和确定合理的两圈间过渡区布局。

3.6.1　缠绕式矿井提升系统的振动力学和数学建模

缠绕式矿井提升系统主要由主轴装置(卷筒等)、提升钢丝绳、天轮和负载等构成,如图 3.30 所示。提升钢丝绳分为悬绳和垂绳两部分,天轮与卷筒之间的钢丝绳称为“悬绳”,提升容器与钢丝绳连接点和天轮与钢丝绳切点之间的钢丝绳称为“垂绳”,垂绳的长度、质量、刚度随提升高度的变化而随时间不断变化,钢丝绳张力也不断变化,因此缠绕式提升系统是一个具有慢变固有频率的非线性、非稳态的振动系统。

缠绕式矿井提升机以钢丝绳为主要的传动部件,在提升运行过程中钢丝绳长度的变化会使振动系统的质量和刚度缓慢变化。本书研究的缠绕式超深矿井提升系统可以定义为一个细长柔性系统,提升钢丝绳长达 1500m,钢丝绳末端的提升容器(罐笼或箕斗)使钢丝绳受到沿轴向方向的拉力而始终处于绷紧状态,并沿轴向运动。从物理特性来看,提升钢丝绳是一个连续的柔性弹性体,考虑其弹性变形特性。定义沿钢丝绳轴线方向的变形为纵向变形,由此产生的振动称为纵向振动;定义沿与钢丝绳轴线垂直方向的变形为横向变形,由此产生的振动称为横向振动。在柔性系统中,纵向振动与横向振动往往是相互耦合的。在实际的矿井提升系统中,有很多因素可能引起柔性提升系统的振动;多层缠绕钢丝绳在沿卷筒轴向排绳时,在圈间过渡区位置钢丝绳会产生沿卷筒轴向和径向的位移变化,即每缠绕一圈会有两次圈间过渡,在过渡区对钢丝绳产生激励;多层缠绕钢丝绳在进行层间过渡时,缠绕半径会发生变化(变大或变小),钢丝绳会发生沿卷筒轴向和径向的位移变化,即每爬高一层(或降低一层)会有一次层间过渡激励;由于制造误差,卷筒不圆度会产生激励;提升或下放循环时提升容器的加速或者减速行为和罐道内的空气阻力等会产生激励。在这些激励的共同影响之下,在高速、重载运行状态下的提升钢丝绳,有可能产生很强烈的耦合振动,其结果直接导致钢丝绳多层缠绕产生乱绳、卡绳、钢丝绳磨损严重等问题并危及提升安全。

因此,研究不同圈间过渡区布局形成的激励对提升系统振动响应变化规律,对超深矿井提升钢丝绳多层缠绕有序进行、不乱绳和提升安全有非常重要的理论和现实意义。

为研究便于观察,将卷筒和悬绳旋转至竖直方向,并作如下假设:①钢丝绳是材料均匀的连续弹性体;②卷筒、井架、天轮、罐道是刚性的;③钢丝绳在卷筒和天轮上无滑动;④忽略钢丝绳的扭转耦合振动;⑤钢丝绳中有预张力;⑥暂且忽略空气阻力。对缠绕式矿井提升系统的物理模型简化后得到其力学模型,如图 3.31 所示。

在悬绳与卷筒的分离处建立惯性坐标系 $oxyz$，悬绳中任意一点 P 的长度为 $l(t)$，悬绳长度为 l_s，垂绳的长度随时间变化，用 $H(t)$ 表示，提升容器与钢丝绳连接点到坐标原点的距离为 $L(t)$，如图 3.31 所示。

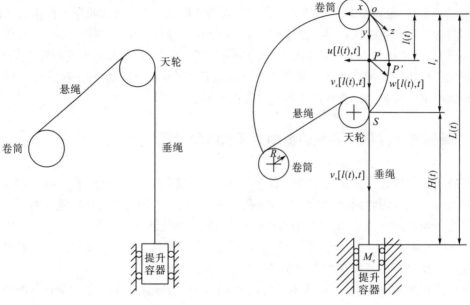

图 3.30　单绳缠绕式提升系统物理简图　　　　　　图 3.31　提升系统模型

考虑悬绳中任意一点 P 的振动为纵向振动和横向振动。其中横向振动分为沿卷筒直径方向振动和沿卷筒轴线方向振动，P' 是 P 的动态变形位置，即在 $l(t)$ 位置的悬绳沿卷筒直径方向振动、纵向振动和沿卷筒轴线方向振动分别为 $u[l(t),t]$，$v_c[l(t),t]$，$w[l(t),t]$，根据假设罐道是刚性的，所以垂绳的横向振动可以忽略，即垂绳中任意一点只考虑其纵向振动，设为 $v_v[l(t),t]$。取竖直向上为正方向，则提升容器和钢丝绳的整体纵向速度为

$$V = \dot{L}(t) \tag{3.83}$$

其中，V 代表钢丝绳线速度；$(\dot{\ }) = \partial (\ )/\partial t$。

设钢丝绳中任意一点 P 的下一时刻为 P'，令 P' 的位置坐标为 $\boldsymbol{S}$，则悬绳和垂绳的位移表达式为

$$\boldsymbol{S} = \begin{cases} \left[u[l(t),t],\ l(t)+v_c[l(t),t],\ w[l(t),t] \right]^{\mathrm{T}}, & 0 \leqslant l(t) \leqslant l_s \\ \left[0,\ l(t)+v_v[l(t),\ t],0 \right]^{\mathrm{T}}, & l_s \leqslant l(t) \leqslant L(t) \end{cases} \tag{3.84}$$

$\boldsymbol{S}$ 对 t 求导，得到任意一点的速度坐标为

$$\boldsymbol{S}_t = \begin{cases} \left[\dfrac{\mathrm{D}u[l(t),t]}{\mathrm{D}t},\ V+\dfrac{\mathrm{D}v_c[l(t),t]}{\mathrm{D}t},\ \dfrac{\mathrm{D}w[l(t),t]}{\mathrm{D}t} \right]^{\mathrm{T}}, & 0 \leqslant l(t) \leqslant l_s \\ \left[0,\ V+\dfrac{\mathrm{D}v_v[l(t),t]}{\mathrm{D}t},\ 0 \right]^{\mathrm{T}}, & l_s \leqslant l(t) \leqslant L(t) \end{cases} \tag{3.85}$$

其中，D 是微分算子，其表达式为

$$\frac{\mathrm{D}}{\mathrm{D}t} = V\frac{\partial}{\partial l} + \frac{\partial}{\partial t} \tag{3.86}$$

$$\frac{\mathrm{D}^2}{\mathrm{D}t^2} = V^2\frac{\partial^2}{\partial l^2} + 2V\frac{\partial^2}{\partial l\partial t} + a\frac{\partial}{\partial l} + \frac{\partial^2}{\partial t^2} \tag{3.87}$$

为书写方便，本书作出如下约定：$u[l(t),t]$，$v_c[l(t),t]$，$w[l(t),t]$，$v_v[l(t),t]$分别以 u，v_c，w，v_v 表示。提升系统动能表达式为

$$T = \frac{1}{2}\rho\int_0^{l_s}\left[\left(\frac{\mathrm{D}u}{\mathrm{D}t}\right)^2 + \left(V + \frac{\mathrm{D}v_c}{\mathrm{D}t}\right)^2 + \left(\frac{\mathrm{D}w}{\mathrm{D}t}\right)^2\right]\mathrm{d}l + \frac{1}{2}\rho\int_{l_s}^{L(t)}\left(V + \frac{\mathrm{D}v_v}{\mathrm{D}t}\right)^2\mathrm{d}l$$
$$+ \frac{1}{2}M_s\left(V + \frac{\mathrm{D}v_c}{\mathrm{D}t}\right)^2\Big|_{l=l_s} + \frac{1}{2}M_c\left(\frac{\mathrm{D}v_v}{\mathrm{D}t}\right)^2\Big|_{l=L(t)} \tag{3.88}$$

其中，V 表示提升容器和钢丝绳的整体纵向速度；ρ 表示钢丝绳线密度；M_s 表示天轮的惯性质量；M_c 表示提升容器的质量。系统总势能表达式为

$$E = E_k + E_p = E_{k0} + \int_0^{l_s}\left(T_c\varepsilon_c + \frac{1}{2}EA\varepsilon_c^2\right)\mathrm{d}l + \int_{l_s}^{L(t)}\left(T_v\varepsilon_v + \frac{1}{2}EA\varepsilon_v^2\right)\mathrm{d}l$$
$$+ E_{p0} - \int_{l_s}^{L(t)}\rho g v_v\left[l_v(t),t\right]\mathrm{d}l - M_c g v_v\left[l_v(t),t\right] \tag{3.89}$$

其中，E_k, E_p 分别指钢丝绳的弹性应变能、系统的重力势能；E_{k0} 为钢丝绳在预张力下的初始应变能；E_{p0} 表示系统在钢丝绳未变形时的重力势能。为了更清晰地表述问题，本书作出如下约定：$()_{,l} = \partial()/\partial l$；$()_{,t} = \partial()/\partial t$。根据文献[32]，悬绳应变量为

$$\varepsilon_c = v_{c,l} + \frac{1}{2}\left(u_{,l}^2 + w_{,l}^2\right) \tag{3.90}$$

垂绳应变量为

$$\varepsilon_v = v_{v,l} \tag{3.91}$$

悬绳张力为

$$T_c = \left[M_c + \rho\left(L(t) - l_s\right)\right]g \tag{3.92}$$

垂绳张力为

$$T_v = \left[M_c + \rho\left(L(t) - l(t)\right)\right]g \tag{3.93}$$

对于钢丝绳的阻尼特性，国内外学者进行了广泛研究[6,32,33,52]，常将其阻尼特性以阻尼力做虚功的方式反映在振动方程的建立中[33,61]。在此也考虑以阻尼力做虚功的方式来反映钢丝绳的阻尼特性，系统阻尼力的虚功为

$$\delta W = \delta W_{v_c} + \delta W_u + \delta W_w + \delta W_{v_v} + \delta W_s$$
$$= \int_0^{l_s}c_v\dot{v_c}\delta v_c\mathrm{d}l + \int_0^{l_s}c_w\dot{u}\delta u\mathrm{d}l + \int_0^{l_s}c_w\dot{w}\delta w\mathrm{d}l + \int_{l_s}^{L(t)}c_v\dot{v_v}\delta v_v\mathrm{d}l + c_s\dot{v_c}\delta v_c \tag{3.94}$$

其中，δW_{v_c}，δW_u，δW_w，δW_{v_v} 分别为悬垂绳的横、纵向阻尼力所做虚功；δW_s 是天轮摩擦力所做虚功；c_v, c_w, c_s 分别为钢丝绳纵振、横振阻尼系数和天轮的阻尼系数[33]。

根据分析力学的变分方法，推导无激励下提升系统的振动方程，根据广义的 Hamilton 原理，即动能、势能和虚功的变分的代数和在边界时间范围内的积分为零，即

$$\int_{t_1}^{t_2} (\delta T - \delta E_k - \delta E_p + \delta W) dt = 0 \qquad (3.95)$$

其中，$\delta T, \delta E_k, \delta E_p, \delta W$ 分别为系统的动能、钢丝绳的弹性势能、系统的重力势能和虚功的变分。

时间边界条件为

$$\begin{cases} \delta v_c(l,t_1) = \delta v_c(l,t_2) = 0 \\ \delta u(l,t_1) = \delta u(l,t_2) = 0 \\ \delta w(l,t_1) = \delta w(l,t_2) = 0 \\ \delta v_v(l,t_1) = \delta v_v(l,t_2) = 0 \end{cases} \qquad (3.96)$$

几何边界条件为

$$\begin{cases} \delta v_c(0,t) = 0 \\ \delta u(0,t) = \delta u(l_s,t) = 0 \\ \delta w(0,t) = \delta w(l_s,t) = 0 \\ \delta v_c(l_s,t) = \delta v_v(l_s,t) \end{cases} \qquad (3.97)$$

为更好地求解式 (3.95) 各部分的变分，将系统总动能标记为以下几部分：

$$T = \underbrace{\frac{1}{2}\rho \int_0^{l_s}\left[\left(\frac{Du}{Dt}\right)^2 + \left(V + \frac{Dv_c}{Dt}\right)^2 + \left(\frac{Dw}{Dt}\right)^2\right]dl}_{T_1} + \underbrace{\frac{1}{2}\rho \int_{l_s}^{L(t)}\left(V + \frac{Dv_v}{Dt}\right)^2 dl}_{T_2}$$

$$+ \underbrace{\frac{1}{2}M_s\left(V + \frac{Dv_c}{Dt}\right)^2\Big|_{l(t)=l_s}}_{T_3} + \underbrace{\frac{1}{2}M_c\left(\frac{Dv_v}{Dt}\right)^2\Big|_{l(t)=L(t)}}_{T_4} \qquad (3.98)$$

悬绳动能 T_1 的变分为

$$\delta T_1 = \int_{t_1}^{t_2} \delta\left\{\frac{1}{2}\rho \int_0^{l_s}\left[\left(\frac{Du}{Dt}\right)^2 + \left(V + \frac{Dv_c}{Dt}\right)^2 + \left(\frac{Dw}{Dt}\right)^2\right]dl\right\}dt$$

$$= \int_{t_1}^{t_2}\int_0^{l_s}\left[\rho\frac{Du}{Dt}(V\delta u_{,l} + \delta u_{,t}) + \rho\left(V + \frac{Dv_c}{Dt}\right)(V\delta v_{c,l} + \delta v_{c,t}) + \rho\frac{Dw}{Dt}(V\delta w_{,l} + \delta w_{,t})\right]dldt$$

$$= \rho\left[\int_{t_1}^{t_2}\left(V + \frac{Dv_c}{Dt}\right)V\delta v_c dt\Big|_{l=l_s} - \int_{t_1}^{t_2}\int_0^{l_s}\frac{\partial\left[\left(V + \frac{Dv_c}{Dt}\right)V\right]}{\partial l}\delta v_c dldt - \int_{t_1}^{t_2}\int_0^{l_s}\frac{\partial\left(V + \frac{Dv_c}{Dt}\right)}{\partial t}\delta v_c dldt\right.$$

$$- \int_{t_1}^{t_2}\int_0^{l_s}\frac{\partial\left(V\frac{Dw}{Dt}\right)}{\partial l}\delta w dldt - \int_{t_1}^{t_2}\int_0^{l_s}\frac{\partial\left(\frac{Dw}{Dt}\right)}{\partial t}\delta w dldt - \int_{t_1}^{t_2}\int_0^{l_s}\frac{\partial\left(V\frac{Du}{Dt}\right)}{\partial l}\delta u dldt - \int_{t_1}^{t_2}\int_0^{l_s}\frac{\partial\left(\frac{Du}{Dt}\right)}{\partial t}\delta u dldt$$

$$\qquad (3.99)$$

垂绳动能 T_2 的变分为

$$\delta T_2 = \int_{t_1}^{t_2}\int_{l_s}^{L(t)} \rho\left(V + \frac{\mathrm{D}v_v}{\mathrm{D}t}\right)\left(V \times \delta v_{v,l} + \delta v_{v,t}\right)\mathrm{d}l\mathrm{d}t$$

$$= \rho\int_{t_1}^{t_2}\left(V + \frac{\mathrm{D}v_v}{\mathrm{D}t}\right)V \times \delta v_v\Big|_{l=L(t)} - \rho\int_{t_1}^{t_2}\left(V + \frac{\mathrm{D}v_v}{\mathrm{D}t}\right)V \times \delta v_v\Big|_{l=l_s}$$

$$- \rho\int_{t_1}^{t_2}\int_{l_s}^{L(t)} \frac{\partial\left[\left(V + \frac{\mathrm{D}v_v}{\mathrm{D}t}\right)V\right]}{\partial l}\delta v_v\mathrm{d}l\mathrm{d}t - \rho\int_{l_s}^{L(t)}\int_{t_1}^{t_2} \frac{\partial\left(V + \frac{\mathrm{D}v_v}{\mathrm{D}t}\right)}{\partial t}\delta v_v\mathrm{d}t\mathrm{d}l$$

$$- \rho\int_{t_1}^{t_2}\left(V + \frac{\mathrm{D}v_v}{\mathrm{D}t}\right)V \times \delta v_v\Big|_{l=L(t)}$$

(3.100)

天轮动能 T_3 的变分为

$$\delta T_3 = \int_{t_1}^{t_2} M_s\left(V + \frac{\mathrm{D}v_c}{\mathrm{D}t}\right)(\delta v_{c,t} + V\delta v_{c,l})\mathrm{d}t\Big|_{l=l_s}$$

$$= -\int_{t_1}^{t_2}\left[\frac{\partial}{\partial t}\left(V + \frac{\mathrm{D}v_c}{\mathrm{D}t}\right) + V\frac{\partial}{\partial l}\left(V + \frac{\mathrm{D}v_c}{\mathrm{D}t}\right)\right]\delta v_c\Big|_{l=l_s}\mathrm{d}t$$

(3.101)

负载动能 T_4 的变分为

$$\delta T_4 = -\int_{t_1}^{t_2} M_c \frac{\partial\left(V + \frac{\mathrm{D}v_v}{\mathrm{D}t}\right)}{\partial t}(\delta v_{c,t} + V\delta v_{c,l})\mathrm{d}t\Big|_{l=L(t)}$$

$$= -\int_{t_1}^{t_2}\left[\frac{\partial}{\partial t}\left(V + \frac{\mathrm{D}v_v}{\mathrm{D}t}\right) + V\frac{\partial}{\partial l}\left(V + \frac{\mathrm{D}v_v}{\mathrm{D}t}\right)\right]\delta v_c\Big|_{l=L(t)}\mathrm{d}t$$

(3.102)

悬绳势能 E_k 的变分为

$$\delta E_k = \int_{t_1}^{t_2}\int_0^{l_s}[T_c\left(u_{,l}\delta u_{,l} + \delta v_{c,l} + w_{,l}\delta w_{,l}\right) + EA\varepsilon_c\left(u_{,l}\delta u_{,l} + \delta v_{c,l} + w_{,l}\delta w_{,l}\right)]\mathrm{d}l\mathrm{d}t$$

$$+ \int_{t_1}^{t_2}\int_{l_s}^{L(t)}\left(T_v\delta v_{v,l} + EAv_{v,l}\delta v_{v,l}\right)\mathrm{d}l\mathrm{d}t$$

$$= \int_{t_1}^{t_2}\left(T_c + EA\varepsilon_c\right)\delta v_c\mathrm{d}t\Big|_{l=l_s} - \int_{t_1}^{t_2}\int_0^{l_s}\frac{\partial\left(T_c + EA\varepsilon_c\right)}{\partial l}\delta v_c\mathrm{d}l\mathrm{d}t$$

$$- \int_{t_1}^{t_2}\int_0^{l_s}\frac{\partial[\left(T_c + EA\varepsilon_c\right)u_{,l}]}{\partial l}\delta u\mathrm{d}l\mathrm{d}t - \int_{t_1}^{t_2}\int_0^{l_s}\frac{\partial[\left(T_c + EA\varepsilon_c\right)w_{,l}]}{\partial l}\delta w\mathrm{d}l\mathrm{d}t$$

$$+ \int_{t_1}^{t_2}\left(T_v + EAv_{v,l}\right)\delta v_v\mathrm{d}t\Big|_{l=L(t)} - \int_{t_1}^{t_2}\left(T_v + EAv_{v,l}\right)\delta v_v\mathrm{d}t\Big|_{l=l_s}$$

$$- \int_{t_1}^{t_2}\int_{l_s}^{L(t)}\frac{\partial\left(T_v + EAv_{v,l}\right)}{\partial l}\delta v_v\mathrm{d}l\mathrm{d}t$$

(3.103)

垂绳势能 E_p 的变分为

$$\delta E_p = -\int_{t_1}^{t_2}\int_{l_s}^{L(t)} \rho g\delta v_v\mathrm{d}l\mathrm{d}t - \int_{t_1}^{t_2} M_c g\delta v_v\mathrm{d}t\Big|_{l=L(t)}$$

(3.104)

此外，计算过程中用到了变积分上限的 Leibnitz 公式[40]：

$$\frac{\partial}{\partial t}\int_{a(t)}^{b(t)} f(x,t)\mathrm{d}x = \int_{a(t)}^{b(t)}\frac{\partial f(x,t)}{\partial t}\mathrm{d}x + \dot{b}(t)f[b(t),t] - \dot{a}(t)f[a(t),t]$$

(3.105)

将上述表达式相加可得

$$\int_{t_1}^{t_2}\int_0^{l_s}\rho\left\{\left[V_{,t}+\frac{\mathrm{D}^2v_c}{\mathrm{D}t^2}+V\frac{\partial}{\partial l}\left(\frac{\mathrm{D}v_c}{\mathrm{D}t}\right)\right]-\frac{\partial}{\partial l}(T_c+EA\varepsilon_c)\right\}\delta v_c\mathrm{d}l\mathrm{d}t$$

$$+\int_{t_1}^{t_2}\int_0^{l_s}\rho\left\{\left[\frac{\mathrm{D}^2u}{\mathrm{D}t^2}+V\frac{\partial}{\partial l}\left(\frac{\mathrm{D}u}{\mathrm{D}t}\right)\right]-\frac{\partial}{\partial l}\left[(T_c+EA\varepsilon_c)u_{,l}\right]\right\}\delta u\mathrm{d}l\mathrm{d}t$$

$$+\int_{t_1}^{t_2}\int_0^{l_s}\rho\left\{\left[\frac{\mathrm{D}^2w}{\mathrm{D}t^2}+V\frac{\partial}{\partial l}\left(\frac{\mathrm{D}w}{\mathrm{D}t}\right)\right]-\frac{\partial}{\partial l}\left[(T_c+EA\varepsilon_c)w_{,l}\right]\right\}\delta w\mathrm{d}l\mathrm{d}t$$

$$+\int_{t_1}^{t_2}\int_0^{l_s}\rho\left\{\left[V_{,t}+\frac{\mathrm{D}^2v_v}{\mathrm{D}t^2}+V\frac{\partial}{\partial l}\left(\frac{\mathrm{D}v_v}{\mathrm{D}t}\right)\right]-\frac{\partial}{\partial l}(T_v+EA\varepsilon_v)-\rho g\right\}\delta v_v\mathrm{d}l\mathrm{d}t \qquad (3.106)$$

$$+\int_{t_1}^{t_2}\left\{M_s\left[\left(V_{,t}+\frac{\mathrm{D}^2v_c}{\mathrm{D}t^2}\right)+V\frac{\partial}{\partial l}\left(V+\frac{\mathrm{D}v_c}{\mathrm{D}t}\right)\right]+T_c-T_v+EA(\varepsilon_c-\varepsilon_v)\right\}\delta v_c\big|_{l=l_s}\mathrm{d}t$$

$$+\int_{t_1}^{t_2}\left\{M_c\left[\left(V_{,t}+\frac{\mathrm{D}^2v_v}{\mathrm{D}t^2}\right)+V\frac{\partial}{\partial l}\left(V+\frac{\mathrm{D}v_v}{\mathrm{D}t}\right)\right]+T_v+EA\varepsilon_v-M_cg\right\}\delta v_v\big|_{l=L(t)}\mathrm{d}t=0$$

因为独立变分 δv_c，δu，δw，δv_v 均不为 0，为使上式成立，只有它们前面的函数为 0，因此，经过一系列变换运算可得系统的振动方程为

$$\rho(a+V^2v_{c,ll}+2Vv_{c,lt}+av_{c,l}+v_{c,tt})-EA\varepsilon_{c,l}+c_vv_{c,t}=0 \qquad (3.107)$$

$$\rho(V^2u_{,ll}+2Vu_{,lt}+au_{,l}+u_{,tt})-T_cu_{,ll}-EAu_{,ll}\left[v_{c,l}+\frac{1}{2}(u_{,l}^2+w_{,l}^2)\right]+c_wu_{,t}=0 \qquad (3.108)$$

$$\rho(V^2w_{,ll}+2Vw_{,lt}+aw_{,l}+w_{,tt})-T_cw_{,ll}-EAw_{,ll}\left[v_{c,l}+\frac{1}{2}(u_{,l}^2+w_{,l}^2)\right]+c_ww_{,t}=0 \qquad (3.109)$$

$$\rho(a+V^2v_{v,ll}+2Vv_{v,lt}+av_{v,l}+v_{v,tt})-EAv_{v,ll}+c_vv_{v,t}=0 \qquad (3.110)$$

$$M_s(a+V^2v_{c,ll}+2Vv_{c,lt}+av_{c,l}+v_{c,tt})+EA(\varepsilon_c-\varepsilon_v)-c_s(a+v_{c,t})=0 \qquad (3.111)$$

$$M_c(a+V^2v_{v,ll}+2Vv_{v,lt}+av_{v,l}+v_{v,tt})+EA\varepsilon_v=0 \qquad (3.112)$$

其中，式 (3.107)～式 (3.110) 表示钢丝绳在无激励状态下的横、纵耦合的振动方程，式 (3.111) 和式 (3.112) 为钢丝绳在 $l(t)=l_s$ 和 $l(t)=L(t)$ 时的振动方程。

悬绳的横振是钢丝绳的主要振动之一，钢丝绳横振过大可能引起钢丝绳旋转并导致错误缠绕和在天轮处跳槽。Kaczmarczyk 等[33]的研究结果显示：垂绳的纵向振动远小于悬绳的横向振动。由于本章主要研究在不同的过渡区长度、不同圈间过渡区布局的绳槽激励下，提升系统振动位移响应及其对排绳的影响，故可以暂且忽略悬绳的纵向振动和垂绳的纵向振动，只考虑悬绳的横向振动，即

$$\rho(V^2u_{,ll}+2Vu_{,lt}+au_{,l}+u_{,tt})-T_cu_{,ll}-\frac{1}{2}EAu_{,ll}(u_{,l}^2+w_{,l}^2)$$
$$-EAu_{,l}(u_{,l}u_{,ll}+w_{,l}w_{,ll})+c_wu_{,t}=0 \qquad (3.113)$$

$$\rho(V^2w_{,ll}+2Vw_{,lt}+aw_{,l}+w_{,tt})-T_cw_{,ll}-\frac{1}{2}EAw_{,ll}(u_{,l}^2+w_{,l}^2)$$
$$-EAw_{,l}(u_{,l}u_{,ll}+w_{,l}w_{,ll})+c_ww_{,t}=0 \qquad (3.114)$$

3.6.2　边界激励下的振动方程

边界激励主要由卷筒上绳槽结构决定,不同的过渡区长度、两圈间过渡区的布置位置都可以形成不同的激励函数。因此本节需要推导出圈间过渡激励函数,并把它作为边界条件加到振动方程中去。

钢丝绳多层缠绕时沿卷筒轴向的排绳运动在折线区进行,如图 3.32 所示,钢丝绳的多层缠绕会导致其在 $l(t)=0$ 处产生沿卷筒直径方向和沿卷筒轴线方向(u 向、w 向)的位移。图 3.32 中蓝线描述的钢丝绳代表上层钢丝绳,黑线描述的钢丝绳代表下层钢丝绳。上层钢丝绳从过渡区的 1 位置开始过渡,在绳偏角和钢丝绳张力等作用下爬上下层钢丝绳的顶部,到达 3 位置,在绳偏角和相邻钢丝绳推挤力的作用下进入至 1' 位置,完成一次圈间过渡。钢丝绳沿着下层钢丝绳形成的绳槽继续缠绕,到达 2 位置并开始下一次圈间过渡。

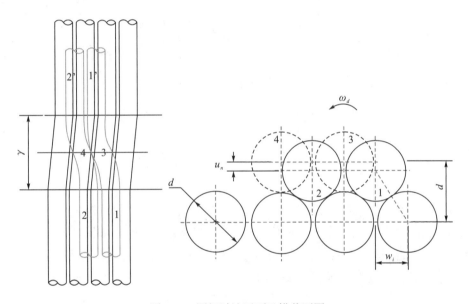

图 3.32　圈间过渡平面及横截面图

在 3.2 节中已经知道,钢丝绳沿绳槽缠绕一周内要经过两个圈间过渡区,这两个圈间过渡区的布置位置如图 3.4 所示,并定义 κ 为非对称系数,用来描述两个圈间过渡区之间的相对位置。$\kappa=1$ 时为两个圈间过渡区对称布置,它们之间的相对位置间隔 $180°$。$\kappa \neq 1$ 时两个圈间过渡区为非对称布置,结合工程实际取 $0.5 < \kappa \leqslant 1$。沿卷筒直径方向的激励 u_0 发生在多层缠绕钢丝绳的第二层和更高层,当缠绕半径发生变化时,在缠第一层时沿卷筒直径方向均没有位移改变。沿卷筒轴线方向的激励 w_0 发生在每一层圈间过渡区位置,在每一个圈间过渡区钢丝绳会向排绳方向移动 $(d+\varepsilon)/2$。根据钢丝绳在经过过渡区时沿卷筒轴向排绳的最大位移和径向抬高的最大位移,可以推导出沿钢丝绳轴向的位移最大激励幅值。沿卷筒径向和轴向的最大位移激励幅值 (u_n, w_n) 可以表达为如下形式:

$$u_n = (n-1)\left[d - \sqrt{d^2 - \left(\frac{d+\varepsilon}{2}\right)^2}\right], \quad n = 1, 2, 3, \cdots \qquad (3.115)$$

$$w_n = \frac{d+\varepsilon}{2} \qquad (3.116)$$

图 3.33 为当钢丝绳缠到第三层时沿卷筒直径方向(u 向)的最大位移激励幅值原理简图。钢丝绳圈间过渡时沿卷筒直径方向(u 向)和沿卷筒轴线方向(w 向)的运动轨迹近似余弦曲线，再将激励幅值的最大值与之相乘，得到两个方向激励函数的近似表达式。文献[33]提出了对称绳槽的激励函数，在此改变两过渡区的间隔圆心角，推导出位移激励函数如式(3.117)和式(3.118)所示：

$$u_0(t) = \begin{cases} \dfrac{1}{2}u_n\left[1-\cos(2\omega_j t)\right], & 0 \leqslant t \leqslant t_\gamma \\ 0, & t_\gamma \leqslant t \leqslant \tau_{1e} \\ \dfrac{1}{2}u_n\left[1-\cos(2\omega_j t)\right], & \tau_{1e} \leqslant t \leqslant t_\gamma + \tau_{1e} \\ 0, & t_\gamma + \tau_{1e} \leqslant t \leqslant \tau_{1e} + \tau_{2e} \end{cases} \qquad (3.117)$$

$$w_0(t) = \begin{cases} \dfrac{1}{2}w_n\left[1-\cos(\omega_j t)\right], & 0 \leqslant t \leqslant t_\gamma \\ \dfrac{d+\varepsilon}{2}, & t_\gamma \leqslant t \leqslant \tau_{1e} \\ \dfrac{1}{2}w_n\left[1-\cos(\omega_j t)\right], & \tau_{1e} \leqslant t \leqslant t_\gamma + \tau_{1e} \\ d+\varepsilon, & t_\gamma + \tau_{1e} \leqslant t \leqslant \tau_{1e} + \tau_{2e} \end{cases} \qquad (3.118)$$

其中，u_0, w_0 为过渡区几何形状决定的周期激励函数；n 为缠绕层数(暂定缠三层)；γ 是过渡区对应圆心角；过渡冲击的持续时间 $t_\gamma = \gamma / \omega_d$，且 $\omega_d = V_c / R_d$，如图 3.33 所示。钢丝绳在 $\kappa\pi$ 对应劣弧的运行时间为 $\tau_{1e} = \kappa\pi / \omega_d$，钢丝绳在 $2\pi - \kappa\pi$ 对应优弧的运行时间为 $\tau_{2e} = (2\pi - \kappa\pi) / \omega_d$。激励的圆频率 $\omega_j = \pi / t_\gamma$。

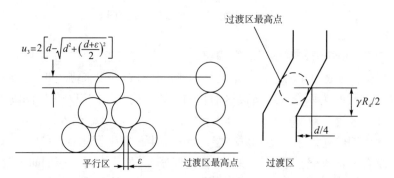

图 3.33　直线区和圈间过渡区钢丝绳堆叠简图

当过渡区激励函数取不同对称系数时，在卷筒旋转一周时沿卷筒直径方向和沿卷筒轴线方向(u 向和 w 向)的位移函数图像如图 3.34 所示。

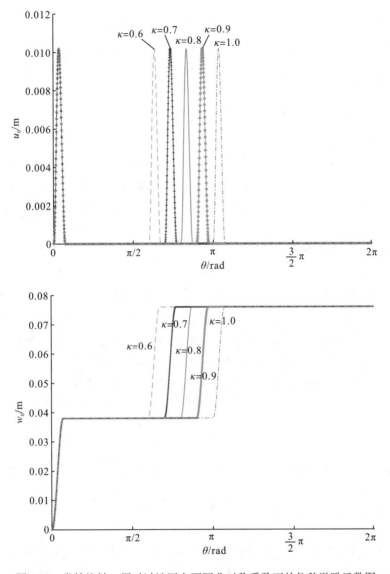

图 3.34　卷筒旋转一周时过渡区在不同非对称系数下的位移激励函数图

在坐标原点处的边界条件变为

$$\begin{cases} u(0,t)=u_0(t) \\ w(0,t)=w_0(t) \end{cases} \tag{3.119}$$

这时齐次边界条件变成了非齐次边界条件，式(3.119)表示的边界条件不能直接代入到振动方程中。根据文献[62,63]提供的方法，将带有非齐次边界条件的函数 $u[l(t),t]$ 看做由 $u_1[l(t),t]$、$u_2[l(t),t]$ 两部分构成：

$$\begin{cases} u[l(t),t]=u_1[l(t),t]+u_2[l(t),t] \\ w[l(t),t]=w_1[l(t),t]+w_2[l(t),t] \end{cases} \tag{3.120}$$

其中，$u_1[l(t),t]$、$w_1[l(t),t]$ 是符合齐次边界条件部分；$u_2[l(t),t]$、$w_2[l(t),t]$ 是不符合齐次

边界条件部分。把式(3.120)代入到振动式(3.113)、式(3.114)中，可得

$$
\begin{aligned}
&\rho(V^2u_{1,ll}+2Vu_{1,lt}+au_{1,l}+u_{1,tt})-\frac{1}{2}EAu_{1,ll}(u_{1,l}^2+w_{1,l}^2)-EAu_{1,l}(u_{1,l}u_{1,ll}+w_{1,l}w_{1,ll})\\
&-T_cu_{1,ll}+c_wu_{1,t}=-\rho(V^2u_{2,ll}+2Vu_{2,lt}+au_{2,l}+u_{2,tt})+T_cu_{2,ll}
\end{aligned}
\tag{3.121}
$$

$$
\begin{aligned}
&\rho(V^2w_{1,ll}+2Vw_{1,lt}+aw_{1,l}+w_{1,tt})-\frac{1}{2}EAw_{1,ll}(u_{1,l}^2+w_{1,l}^2)-EAw_{1,l}(u_{1,l}u_{1,ll}+w_{1,l}w_{1,ll})\\
&-T_cw_{1,ll}+c_ww_{1,t}=-\rho(V^2w_{2,ll}+2Vw_{2,lt}+aw_{2,l}+w_{2,tt})+T_cw_{2,ll}
\end{aligned}
\tag{3.122}
$$

其中，$u_2[l(t),t]$、$w_2[l(t),t]$ 在提升系统原点 o 处为 $u_0(t)$、$w_0(t)$，在天轮处为"0"。

$$
\begin{cases}
u_2[l(t),t]=[1-l(t)/l_s]u_0(t)\\
w_2[l(t),t]=[1-l(t)/l_s]w_0(t)
\end{cases}
\tag{3.123}
$$

3.6.3　离散化及其求解

矿井提升系统的振动微分方程式(3.121)和式(3.122)是无限维偏微分方程，在此应用 Galerkin 方法，将其转化为有限维的常微分方程以便求解。钢丝绳上各点具有相同频率和相位的振动，只是不同位置位移大小随时间变化而变化[43]。因此，钢丝绳上各点随时间变化而变化的位移 $u_1[l(t),t]$ 和 $w_1[l(t),t]$ 可以分解为两部分的乘积，即

$$
u_1[l(t),t]=\boldsymbol{\varphi}^{\mathrm{T}}[l(t)]\boldsymbol{p}(t),\quad w_1[l(t),t]=\boldsymbol{\varphi}^{\mathrm{T}}[l(t)]\boldsymbol{q}(t)
\tag{3.124}
$$

式中，$\boldsymbol{\varphi}[l(t)]$ 表示钢丝绳随时间变化空间的形状；$\boldsymbol{p}(t)$、$\boldsymbol{q}(t)$ 确定绳上各点随时间变化的规律。则式(3.124)可简化为

$$
u_1=\boldsymbol{\varphi}^{\mathrm{T}}\boldsymbol{p},\quad w_1=\boldsymbol{\varphi}^{\mathrm{T}}\boldsymbol{q}
\tag{3.125}
$$

其中，$\boldsymbol{\varphi}=(\varphi_1,\varphi_2,\cdots,\varphi_n)^{\mathrm{T}}$；$\boldsymbol{p},\boldsymbol{q}$ 是广义坐标向量，并且是时间的函数，且 $\boldsymbol{p}=(\boldsymbol{p}_1,\boldsymbol{p}_2,\cdots,\boldsymbol{p}_n)^{\mathrm{T}}$，$\boldsymbol{q}=(\boldsymbol{q}_1,\boldsymbol{q}_2,\cdots,\boldsymbol{q}_n)^{\mathrm{T}}$。

固定长度弦线振动方程的通解为

$$
\varphi(x)=C\sin\beta_nx+D\cos\beta_nx
\tag{3.126}
$$

其中，C 和 D 是待定常数；β_n 是与系统参量相关的参数，且 $\beta_n^2=\omega_n^2\rho/T_c$。悬绳振动在缠绕点 $l(t)=0$ 和天轮处 $l(t)=l_s$ 有齐次边界条件。将缠绕点处的边界条件式(3.97)代入式(3.126)可得：$D=0$，所以式(3.126)变为

$$
\varphi(l_s)=C\sin\beta_nl_s=0
\tag{3.127}
$$

将 β 代入式(3.127)可得悬绳的固有频率为

$$
\omega_n=n\pi\sqrt{T_c/\rho l_s^2},\qquad n=1,2,\cdots
\tag{3.128}
$$

将式(3.128)代入式(3.126)，并按照正规化方法取系数，可得悬绳横向振动的形函数为

$$
\varphi_n(x)=\sin\left(n\pi\frac{x}{l_s}\right),\qquad n=1,2,\cdots
\tag{3.129}
$$

在固定观测点 $l(t)$ 处时变的形函数为

$$\varphi_n\big[l(t)\big] = \sin\left[\frac{n\pi l(t)}{l_s}\right], \qquad n = 1, 2, \cdots \tag{3.130}$$

因此，悬绳横向振动位移的偏微分表达式为

$$
\begin{cases}
u_{1,t} = V\dfrac{\partial \boldsymbol{\varphi}}{\partial l}\boldsymbol{p} + \boldsymbol{\varphi}\dot{\boldsymbol{p}}, \quad w_{1,t} = V\dfrac{\partial \boldsymbol{\varphi}}{\partial l}\boldsymbol{q} + \boldsymbol{\varphi}\dot{\boldsymbol{q}}, \\[2mm]
u_{1,tt} = V^2\dfrac{\partial^2 \boldsymbol{\varphi}}{\partial l^2}\boldsymbol{p} + V\dfrac{\partial \boldsymbol{\varphi}}{\partial l}\boldsymbol{p} + 2V\dfrac{\partial \boldsymbol{\varphi}}{\partial l}\dot{\boldsymbol{p}} + \boldsymbol{\varphi}\ddot{\boldsymbol{p}}, \\[2mm]
w_{1,tt} = V^2\dfrac{\partial^2 \boldsymbol{\varphi}}{\partial l^2}\boldsymbol{q} + V\dfrac{\partial \boldsymbol{\varphi}}{\partial l}\boldsymbol{q} + 2V\dfrac{\partial \boldsymbol{\varphi}}{\partial l}\dot{\boldsymbol{q}} + \boldsymbol{\varphi}\ddot{\boldsymbol{q}}, \\[2mm]
u_{1,l} = \boldsymbol{\varphi}'\boldsymbol{p}, \quad w_{1,l} = \boldsymbol{\varphi}'\boldsymbol{q}, \\[2mm]
u_{1,ll} = \boldsymbol{\varphi}''\boldsymbol{p}, \quad w_{1,ll} = \boldsymbol{\varphi}''\boldsymbol{q}, \\[2mm]
u_{1,lt} = V\dfrac{\partial \boldsymbol{\varphi}'}{\partial l}\boldsymbol{p} + \boldsymbol{\varphi}'\dot{\boldsymbol{p}}, \quad w_{1,lt} = V\dfrac{\partial \boldsymbol{\varphi}'}{\partial l}\boldsymbol{q} + \boldsymbol{\varphi}'\dot{\boldsymbol{q}}
\end{cases} \tag{3.131}
$$

将式(3.124)、式(3.130)和式(3.131)代入到控制方程式(3.121)和式(3.122)中，等式两边左乘 $\boldsymbol{\varphi}$，并将其在 $l(t) \in [0, l_s]$ 内积分，将偏微分方程离散成常微分方程，则控制方程变为

$$
\begin{aligned}
\boldsymbol{M}_1\ddot{\boldsymbol{p}} + \boldsymbol{C}_1\dot{\boldsymbol{p}} + \boldsymbol{K}_1\boldsymbol{p} = \boldsymbol{P}_1 + \boldsymbol{F}_1 \\
\boldsymbol{M}_2\ddot{\boldsymbol{q}} + \boldsymbol{C}_2\dot{\boldsymbol{q}} + \boldsymbol{K}_2\boldsymbol{q} = \boldsymbol{P}_2 + \boldsymbol{F}_2
\end{aligned} \tag{3.132}
$$

其中，$\boldsymbol{M}_1, \boldsymbol{M}_2$ 分别是悬绳 u 向和 w 向振动方程的质量矩阵；$\boldsymbol{C}_1, \boldsymbol{C}_2$ 分别是悬绳 u 向和 w 向振动方程的阻尼矩阵；$\boldsymbol{K}_1, \boldsymbol{K}_2$ 分别是悬绳 u 向和 w 向振动方程的刚度矩阵；$\boldsymbol{F}_1, \boldsymbol{F}_2$ 分别是悬绳 u 向和 w 向振动方程的广义力矩阵；$\boldsymbol{P}_1, \boldsymbol{P}_2$ 分别是悬绳 u 向和 w 向振动方程的广义坐标耦合项。各项的表达式如下：

$$
\begin{cases}
\boldsymbol{M}_1 = \boldsymbol{M}_2 = \displaystyle\int_0^{l_s}(\rho\boldsymbol{\varphi}\boldsymbol{\varphi}^{\mathrm{T}})\mathrm{d}l \\[3mm]
\boldsymbol{C}_1 = \boldsymbol{C}_2 = \displaystyle\int_0^{l_s}\left(2\rho V\boldsymbol{\varphi}\boldsymbol{\varphi}'^{\mathrm{T}} + 2\rho V\boldsymbol{\varphi}\dfrac{\partial \boldsymbol{\varphi}}{\partial l} + c_w\boldsymbol{\varphi}\boldsymbol{\varphi}^{\mathrm{T}}\right)\mathrm{d}l \\[3mm]
\boldsymbol{K}_1 = \boldsymbol{K}_2 = \displaystyle\int_0^{l_s}\left[\begin{array}{l}\rho a\boldsymbol{\varphi}\boldsymbol{\varphi}'^{\mathrm{T}} + (\rho V^2 - T_c)\boldsymbol{\varphi}\boldsymbol{\varphi}''^{\mathrm{T}} + 2\rho V^2\boldsymbol{\varphi}\dfrac{\partial \boldsymbol{\varphi}'}{\partial l} \\[2mm] + \rho V^2\boldsymbol{\varphi}\dfrac{\partial^2\boldsymbol{\varphi}}{\partial l^2} + (\rho V + c_w V)\boldsymbol{\varphi}\dfrac{\partial \boldsymbol{\varphi}}{\partial l}\end{array}\right]\mathrm{d}l \\[5mm]
\boldsymbol{F}_1 = -\displaystyle\int_0^{l_s}(2\rho V\dot{u}_2'\boldsymbol{\varphi} + \rho a u_2'\boldsymbol{\varphi} + \rho\ddot{u}_2\boldsymbol{\varphi})\mathrm{d}l \\[3mm]
\boldsymbol{F}_2 = -\displaystyle\int_0^{l_s}(2\rho V\dot{w}_2'\boldsymbol{\varphi} + \rho a w_2'\boldsymbol{\varphi} + \rho\ddot{w}_2\boldsymbol{\varphi})\mathrm{d}l \\[3mm]
\boldsymbol{P}_1 = \displaystyle\int_0^{l_s}\left(\frac{1}{2}EA\boldsymbol{\varphi}\boldsymbol{\varphi}''^{\mathrm{T}}p\Big[(\boldsymbol{\varphi}'^{\mathrm{T}}p)^2 + (\boldsymbol{\varphi}'^{\mathrm{T}}q)^2\Big] + EA\boldsymbol{\varphi}\boldsymbol{\varphi}'^{\mathrm{T}}p(\boldsymbol{\varphi}'^{\mathrm{T}}p\boldsymbol{\varphi}''^{\mathrm{T}}p + \boldsymbol{\varphi}'^{\mathrm{T}}q\boldsymbol{\varphi}''^{\mathrm{T}}q)\right)\mathrm{d}l \\[3mm]
\boldsymbol{P}_2 = \displaystyle\int_0^{l_s}\left(\frac{1}{2}EA\boldsymbol{\varphi}\boldsymbol{\varphi}''^{\mathrm{T}}q\Big[(\boldsymbol{\varphi}'^{\mathrm{T}}q)^2 + (\boldsymbol{\varphi}'^{\mathrm{T}}p)^2\Big] + EA\boldsymbol{\varphi}\boldsymbol{\varphi}'^{\mathrm{T}}q(\boldsymbol{\varphi}'^{\mathrm{T}}p\boldsymbol{\varphi}''^{\mathrm{T}}p + \boldsymbol{\varphi}'^{\mathrm{T}}q\boldsymbol{\varphi}''^{\mathrm{T}}q)\right)\mathrm{d}l
\end{cases} \tag{3.133}
$$

对常微分方程(3.132)用 MATLAB 进行编程求数值解，u_1, w_1 可被解出，将其分别代

回式(3.120)求得外界激励下的横向振动位移 $u[l(t),t]$ 和 $w[l(t),t]$ 。

根据前述所建悬绳横向振动动力学模型,变量 $l(t)$ 的取值因观测点位置的不同可分为固定点观测和随动点观测。

(1)固定点观测:检测钢丝绳提升系统运行过程中经过某个固定位置时表现出来的动态性能,此时观测的不是钢丝绳上的一个固定部分,而是依次通过此位置的所有部分。所得计算结果是钢丝绳提升系统运行过程中在某时通过某个固定位置钢丝绳振动状态的集合,即 $l(t)$ 是一个固定值。

(2)随动点观测:检测钢丝绳提升系统中某一个固定部分的动态特性,即整个系统是运动的而检测对象是固定的,观测位置随着检测对象移动而移动。所得计算结果是钢丝绳提升系统运行过程中某一固定部分在整个行程区间所有时刻内的振动状态的集合,即 $l(t)$ 是一个变量。

结合本书研究目标是研究不同绳槽型式下悬绳的横振变化规律,此段钢丝绳会因多层缠绕卷绕到卷筒表面,因此"随动点观测"目前无法实现,"固定点观测"是理想的检测形式,所以振动模型也将对悬绳固定点处求解。

3.6.4　数值仿真结果与讨论

选取某提升样机系统参数,如表 3.15 所示。用 MATLAB 软件对前面得到的提升系统微分方程和激励函数进行编程,代入表 3.15 参数,对悬绳的振动响应进行数值仿真,研究在特定的速度 18m/s 下(即样机提升系统的最高提升速度),非对称系数 κ 取不同值时对悬绳横向振动的影响,探讨不同圈间过渡区布置型式下悬绳的横向振动的变化规律,提出适合超深井提升的合理的圈间过渡区布置型式。

表 3.15　提升系统仿真参数表

提升系统参数	数值
悬绳长度 l_s/m	85
提升高度 H/m	1500
提升速度 V/(m/s)	18
加速度 a/(m/s^2)	0.75
钢丝绳有效横截面面积 A/m^2	1.61×10^{-3}
钢丝绳杨氏模量 E/(N/m^2)	1.47×10^{11}
钢丝绳线密度 ρ/(kg/m)	21.4
负载质量 M_c/kg	4×10^4
卷筒半径 R_d/m	4
钢丝绳直径 d/mm	76
过渡区弧长 s	12d
横振阻尼系数 c_w	0.9
系统总的提升时间 t/s	103
缠绕层数 n	3
每层缠绕圈数	30

　　数值计算采用 ODE45 命令完成常微分方程的计算，时间步长为 0.001s，相对精度设置为 10^{-3}，绝对精度设置为 10^{-6}，计算收敛，仿真计算结果曲线图如图 3.35～图 3.39 所示。

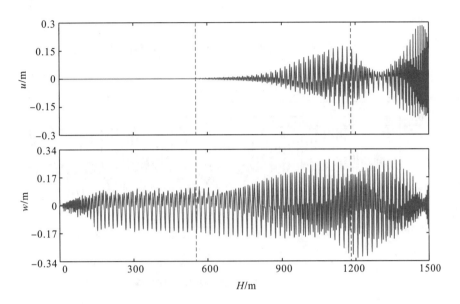

图 3.35　悬绳在其四分之一处横向振动位移响应（$\kappa = 1$）

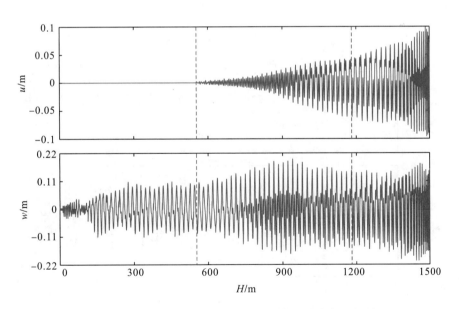

图 3.36　悬绳在其四分之一处横向振动位移响应（$\kappa = 0.9$）

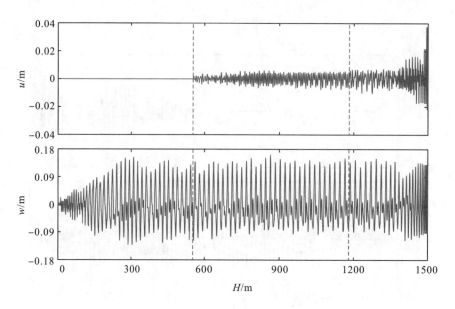

图 3.37　悬绳在其四分之一处横向振动位移响应（$\kappa = 0.8$）

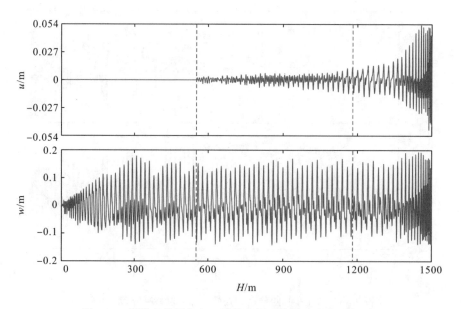

图 3.38　悬绳在其四分之一处横向振动位移响应（$\kappa = 0.7$）

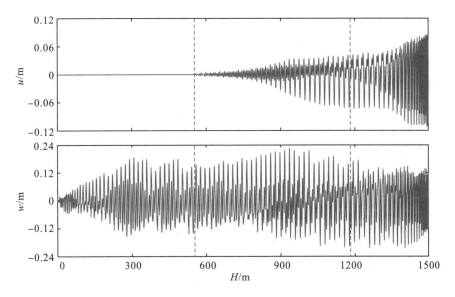

图 3.39　悬绳在其四分之一处横向振动位移响应（$\kappa = 0.6$）

图 3.35～图 3.39 分别描述了当绳槽非对称系数 κ=1～0.6 时，悬绳四分之一处的横向动态响应，分析图中曲线及其数据可以得出：①当提升高度 H=0～553m 时，悬绳沿卷筒直径方向（u 向）振动响应为"0"，因为此时钢丝绳在第一层缠绕，缠绕半径未发生改变，即沿卷筒直径方向激励为"0"，因此沿卷筒直径方向（u 向）的振动响应也为"0"。②随着提升高度的增加，H 值不断增大，振动位移逐渐变大，钢丝绳逐渐缠到第 2、3 层。

为清晰地比较不同非对称系数下悬绳的横向振动位移，现列出在不同非对称系数下沿卷筒直径方向和沿卷筒轴线方向（u 向、w 向）振动位移的最大值，如表 3.16 所示。

表 3.16　不同非对称系数下悬绳振动位移最大值对比表

κ	u_{max}/m	w_{max}/m
1	0.283	0.322
0.9	0.099	0.206
0.8	0.039	0.163
0.7	0.053	0.194
0.6	0.112	0.228

将表 3.16 中数据绘制成如图 3.40 所示。

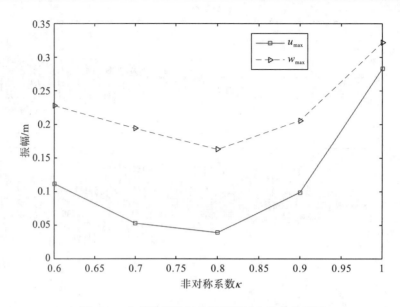

图 3.40　非对称系数与悬绳横振最大值的关系图

图 3.40 显示提升系统悬绳横振的最大值随着非对称系数的增大呈 "U" 字形变化,当 $\kappa = 0.8$ 时悬绳沿卷筒直径方向振动和沿卷筒轴线方向振动的最大值为最小。对比过渡区对称布置($\kappa = 1$)与非对称布置($\kappa \neq 1$)发现,过渡区非对称布置的悬绳的振动位移的最大值均比对称布置小。κ 的取值不同,悬绳的振动幅值的变化,振动的平稳性也不同:①当 $\kappa = 1$ 时,沿卷筒直径方向和沿卷筒轴线方向振动位移响应是最大的,且有类似 "拍振" 的现象出现,因此在钢丝绳多层缠绕时极有可能产生 "乱绳" 现象;②当 $\kappa = 0.9$ 时,两个方向的振动位移的最大值比对称布置小,振幅总体波动比对称布置也略小;③当 $\kappa = 0.8$ 时,两个方向的振动位移最小,且悬绳沿卷筒直径方向的振动位移响应在钢丝绳缠绕到第二层和第三层的前半部分时非常小,振幅均没有超过 0.01m,相邻点振幅变化很小,且沿卷筒轴线方向振动响应的振幅的总体波动也非常小,振幅最大值较小且相邻点振幅无突变,振动较平稳,这种现象对钢丝绳多层缠绕的有序排绳非常有利;④当 $\kappa = 0.7$ 时,两个方向的振动波形和 $\kappa = 0.8$ 时非常相似,但是沿卷筒直径方向振动在后半段即第三层的后半部分相邻点的振幅变化很大;⑤当 $\kappa = 0.6$ 时,两个方向的振动波形和 $\kappa = 0.9$ 时非常相似,但是相邻点振幅变化很大,这对多层缠绕有序排绳不利。

以悬绳横向振动幅值大小和相邻点幅值的变化作为多层缠绕绳槽非对称型式优劣的评价指标,则两过渡区非对称布置且非对称系数为 0.8 时,悬绳两个方向的横振的幅值最小且相邻点幅值变化小,有利于钢丝绳多层缠绕的有序排绳。为了更好地说明仿真结果的可信度,本书还和经典文献比较进行验证。南非 Kloof 金矿是提升高度达 2100m 的超深矿井,现已开采超过 60 年,其提升系统配置的是双卷筒的布莱尔式的多绳、多层缠绕式提升系统。文献[32,33]所作研究就是基于此矿井的参数。此矿井的参数如表 3.17 所示。

表 3.17　Kloof 金矿提升系统参数表

提升系统参数	值
悬绳长度 l_s/m	74.95
垂绳长度 l_v/m	2100
提升速度 V/(m/s)	15
加速度 a/(m/s^2)	0.75
钢丝绳弹性模量 E/(N/m^2)	1.1×10^{11}
钢丝绳线密度 ρ/(kg/m)	8.4
提升载荷 M_c/kg	17584
卷筒半径 R_d/m	2.14
钢丝绳直径 d/mm	48
过渡区对应圆心角 γ/rad	0.2
钢丝绳横振阻尼系数 c_w	0.05
非对称系数 κ	1&0.8
缠绕层数 n	3

　　将这些参数代入本书建立的振动模型，考虑两圈间过渡区对称布置（$\kappa=1$）和非对称布置（$\kappa=0.8$）两种情况，仿真计算结果如图 3.41 和图 3.42 所示。

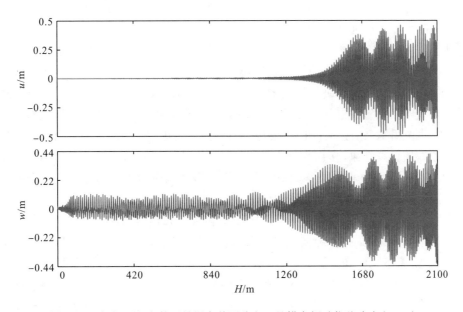

图 3.41　在表 3.17 参数下悬绳在其四分之一处横向振动位移响应（$\kappa=1$）

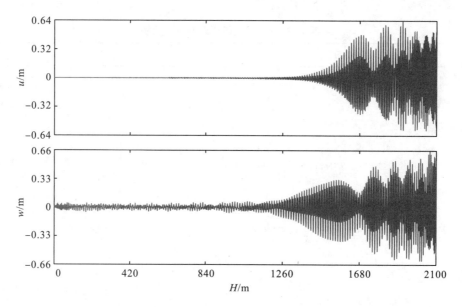

图 3.42　在表 3.17 参数下悬绳在其四分之一处横向振动位移响应（$\kappa = 0.8$）

当非对称系数取 $\kappa = 1$ 时，悬绳的四分之一处沿卷筒直径方向和沿卷筒轴线方向（u 向和 w 向）振动位移响应如图 3.41 所示，沿卷筒直径方向和沿卷筒轴线方向振动位移（u 向和 w 向）的最大值分别为 0.44m 和 0.41m。

当非对称系数取 $\kappa = 0.8$ 时，悬绳的四分之一处沿卷筒直径方向和沿卷筒轴线方向（u 向和 w 向）振动位移响应如图 3.42 所示，沿卷筒直径方向和沿卷筒轴线方向振动位移（u 向和 w 向）的最大值分别为 0.63m 和 0.66m。

对比非对称系数分别取 $\kappa = 1$ 和 $\kappa = 0.8$ 时，南非文献参数下仿真结果显示：在此参数下非对称绳槽振动位移的最大值比对称绳槽大，且相邻点振幅变化大，这样容易导致多层缠绕时乱绳、跳绳，即对称绳槽缠绳效果好。Kaczmarczyk 等[32,33]研究也显示 Kloof 矿提升机卷筒安装的是两过渡区对称布置的 Lebus 绳槽（即 $\kappa=1$），与本书模型按此参数仿真结果相同，由此说明本书所建立的振动模型是有效的。因此，根据在本书提出的超深矿井样机参数下的数值仿真结果，多层缠绕卷筒上绳槽的两圈间过渡区应该非对称布置且非对称系数 $\kappa = 0.8$，因为在这种绳槽参数下，悬绳横向振动响应最小且相邻点振幅无突变，振动较平稳，有利于钢丝绳多层缠绕的有序排绳。

综上所述，哪一种绳槽型式适合多层缠绕，两圈间过渡区对称或非对称布置，需根据提升系统参数确定。如果把悬绳横振幅值大小和相邻点幅值的变化作为绳槽型式优劣的评价指标，在表 3.15 所示的提升系统参数下，当两圈间过渡区非对称布置且非对称系数 $\kappa = 0.8$ 时，悬绳横向振动响应最小，相邻点振幅无突变，振动较平稳，有利于钢丝绳有序的多层缠绕。然而，在表 3.17 所示参数下，当两圈间过渡区对称布置时，悬绳横向振动响应最小且相邻点振幅无突变，有利于钢丝绳有序的多层缠绕。

3.7　小　　结

本章提出把缠绕式提升系统悬绳的横向振动作为钢丝绳多层缠绕能否有序排绳和工程安全的主要评价指标，同时基于 Hamilton 原理建立提升系统振动方程，推导不同型式绳槽的激励函数，用 Galerkin 法离散振动方程，以本书研究样机参数为例，仿真研究平行折线绳槽两圈间过渡区在不同布局下的悬绳横向振动响应变化规律。所得主要结论如下：

（1）两圈间过渡区非对称布置引发悬绳横振小于对称布置；悬绳横振的最大值随着非对称系数的增加呈"U"字形变化，当两圈间过渡区非对称布置且非对称系数 $\kappa = 0.8$ 时悬绳沿卷筒直径方向振动和沿卷筒轴线方向振动的最大值均为最小，且相邻点振幅无突变，有利于钢丝绳有序多层缠绕。

（2）本章所建边界激励下提升系统振动模型、求解过程及其结果，可为超深矿井提升机多层缠绕卷筒绳槽型式的设计和优劣评价提供理论指导及方法。

主要参考文献

[1] 龚宪生. 矿井提升机钢丝绳多层缠绕问题的研究[J]. 矿山机械, 1985(12): 7-12.

[2] 龚宪生, 谢志江, 杨雪华. 矿井提升机多层缠绕钢丝绳振动控制[J]. 振动工程学报, 1999, 12(4): 460-467.

[3] Wieschel J E, Hartland W. Spooling drum including stepped flanges[P]. United States Patent: No.4071205, 1978-01-31.

[4] 陶德馨. 对新型多层卷绕装置——Le-Bus 卷筒原理的探讨[C]//中国机械工程学会物料搬运学会第二届年会论文集(一)起重机. 中国机械工程学会物流工程分会, 1984.

[5] The Performance, Operation, Testing and Maintenance of Drum Winders Relating to Rope Safety, 0294[S]. South African Bureau of Standards, 2000.

[6] Johansson B, Steinarson A. A new method for automatic reduction of catenary oscillations in drum hoist installations[C]// Proceedings of the International Conference on Hoisting and Haulage, Hoist & Haul, 2015: 125-139.

[7] 阎丽芬, 王礼友. 解决高扬程大启闭力启闭机最佳方案[J]. 水利电力机械, 2004, 26(04): 29-31.

[8] 雷宽成. 钢丝绳在滚筒上的卷绕运动及磨损[J]. 石油机械, 1994(09): 6-10, 34, 64.

[9] 何守俭. 测地线缠绕运动方程[J]. 复合材料学报, 1986(01): 54-60, 100-101.

[10] 冷兴武. 非测地线稳定缠绕的基本原理[J]. 宇航学报, 1982(03): 90-99.

[11] 冷兴武. 纤维缠绕的基本理论[J]. 宇航材料工艺, 1986(01): 24-28.

[12] 冷兴武. 椭圆柱曲面缠绕滑线位置计算公式[J]. 复合材料学报, 1991(01): 27-33.

[13] 冷兴武. 纤维缠绕基本原理的应用[J]. 纤维复合材料, 1998(04): 10-12.

[14] Menges G, Wodicka R, Barking H L. Non-geodesic coiling on a surface of revolution[C]// Proceedings of the 33rd Annual Conference of SPI, 1978.

[15] Wells G M, McAnulty K F. Computer aided filament coiling using non-geodesic trajectories[C]//Proceedings of the 6th Conference on Co-mosites Materials, 1987.

[16] Scholliers J, van Brussel H. Computer-integrated filament winding: computer Integrated design robotic, filament winding and

robotic quality control[J]. Composites Manufacturing, 1994, 5（1）: 17-24.

[17] Li X L, Lin D H. Non-geodesic winding equations on a general surface of revolution[C]//Proceedings of the 6th International Conference on Composites Materials, 1987.

[18] 富宏亚, 黄开榜, 朱方群, 等. 非测地线稳定缠绕的边界条件及稳定方程[J]. 哈尔滨工业大学学报, 1996（02）: 125-129.

[19] 付云忠, 富宏亚, 路华, 等. 基于非测地线理论的六坐标纤维缠绕机运动方程[J]. 中国机械工程, 2001（06）: 21-23, 3.

[20] 牛岩军. 立井缠绕提升系统钢丝绳卷放运动特性研究[D]. 徐州: 中国矿业大学, 2016.

[21] Pavel P, Jozef K, Stanislav K, et al. Failure analysis of hoisting steel wire rope[J]. Engineering Failure Analysis, 2014（45）: 96-105.

[22] Nabijou S, Hobbs R E. Relative movements within wire ropes bent over sheaves[J]. Journal of Strain Analysis for Engineering Design, 1995, 30（2）:155-165.

[23] 曹国华, 朱真才, 彭维红, 等. 缠绕提升矿车进出罐笼过程钢丝绳耦合振动行为[J]. 煤炭学报, 2009, 34（05）: 702-706.

[24] Zhu W D, Teppo L J. Design and analysis of a scaled model of a high-rise, high-speed elevator[J]. Journal of Sound and Vibration, 2003, 264（3）: 707-731.

[25] Zhu W D, Xu G Y. Vibration of elevator cables with small bending stiffness[J]. Journal of Sound and Vibration, 2003, 263（3）: 679-699.

[26] Zhu W D, Chen Y. Forced response of translating media with variable length and tension: Application to high-speed elevators[J]. Proceedings of the Institution of Mechanical Engineers, Part K: Journal of Multi-body Dynamics, 2005, 219（1）: 35-53.

[27] Zhu W D, Chen Y. Theoretical and experimental investigation of elevator cable dynamics and control[J]. Journal of Vibration and Acoustics, 2006, 128（1）: 66-78.

[28] Zhu W D, Zheng N A. Exact response of a translating string with arbitrarily varying length under general excitation[J]. Journal of Applied Mechanics, 2008, 75（3）: 031003.

[29] Sandilo S H, van Horssen W T. On variable length induced vibrations of a vertical string[J]. Journal of Sound and Vibration, 2014, 333（11）: 2432-2449.

[30] Xabier A, Stefan K, Gaizka A, et al. The modelling, simulation and experimental testing of the dynamic responses of an elevator system[J]. Mechanical Systems and Signal Processing, 2014（42）: 258-282.

[31] Kaczmarczyk S. The passage through resonance in a catenary–vertical cable hoisting system with slowly varying length[J]. Journal of Sound and Vibration, 1997, 208（2）: 243-269.

[32] Kaczmarczyk S, Ostachowicz W. Transient vibration phenomena in deep mine hoisting cables. Part 1: Mathematical model[J]. Journal of Sound and Vibration, 2003, 262（2）: 219-244.

[33] Kaczmarczyk S, Ostachowicz W. Transient vibration phenomena in deep mine hoisting cables. Part 2: Numerical simulation of the dynamic response[J]. Journal of Sound and Vibration, 2003, 262（2）: 245-289.

[34] Bao J, Zhang P, Zhu C M, et al. Transverse vibration of flexible hoisting rope with time-varying length[J]. Journal of Mechanical Science and Technology, 2014, 28（2）: 457-466.

[35] 张鹏, 朱昌明, 张梁娟. 变长度柔性提升系统纵向-横向受迫耦合振动分析[J]. 工程力学, 2008, 25（12）: 202-207.

[36] 张鹏. 高速电梯悬挂系统动态性能的理论与实验研究[D]. 上海: 上海交通大学, 2007.

[37] 包继虎. 高速电梯提升系统动力学建模及振动控制方法研究[D]. 上海: 上海交通大学, 2014.

[38] 包继虎, 张鹏, 朱昌明. 变长度柔性提升系统钢丝绳横向振动建模及分析[J]. 上海交通大学学报, 2012, 46（3）: 341-344.

[39] 张长友, 曹晓明, 朱昌明. 电梯钢丝绳的参数共振频带研究[J]. 振动与冲击, 2007（10）: 165-168, 195.

[40] 张长友, 朱昌明. 电梯系统动态固有频率计算方法及减振策略[J]. 系统仿真学报, 2007(16): 3856-3859.

[41] 张长友, 朱昌明, 傅武军. 垂直提升系统中钢丝绳的非线性横向振动研究[J]. 上海交通大学学报, 2004(02): 286-290.

[42] 张长友, 朱昌明, 吴广明. 电梯系统垂直振动分析与抑制[J]. 振动与冲击, 2003(04): 74-77, 112-113.

[43] 吴娟, 寇子明, 梁敏, 等. 多绳摩擦提升系统钢丝绳横向振动分析与试验[J]. 华中科技大学学报(自然科学版), 2015, 43(06): 12-16, 21.

[44] 吴娟, 寇子明, 王有斌. 落地式多绳摩擦提升系统动态特性研究[J]. 煤炭学报, 2015, 40(S1): 252-258.

[45] 吴娟, 寇子明, 梁敏, 等. 摩擦提升系统钢丝绳纵向-横向耦合振动分析[J]. 中国矿业大学学报, 2015, 44(05): 885-892.

[46] 寇保福, 刘邱祖, 李为浩, 等. 提升系统换绳过程中钢丝绳横向振动行为分析[J]. 煤炭学报, 2015, 40(S1): 247-251.

[47] 寇保福, 刘邱祖, 刘春洋, 等. 矿井柔性提升系统运行过程中钢丝绳横向振动的特性研究[J]. 煤炭学报, 2015, 40(05): 1194-1198.

[48] 曹国华, 朱真才, 彭维红, 等. 变质量提升系统钢丝绳轴向-扭转耦合振动特性[J]. 振动与冲击, 2010, 29(02): 64-68, 221-222.

[49] 曹国华. 矿井提升钢丝绳装载冲击动力学行为研究[D]. 徐州: 中国矿业大学, 2009.

[50] 朱真才, 曹国华, 彭维红, 等. 钢丝绳在箕斗装载过程中的纵向振动行为研究[J]. 中国矿业大学学报, 2007(03): 325-329.

[51] 曹国华, 朱真才, 彭维红, 等. 箕斗在装载过程中的震动特性研究[J]. 煤炭学报, 2007(03): 327-330.

[52] Wang J, Pi Y J, Hu Y M, et al. Modeling and dynamic behavior analysis of a coupled multi-cable double drum winding hoister with flexible guides[J]. Mechanism and Machine Theory, 2017, 108: 191-208.

[53] 龚宪生, 罗宇驰, 吴水源. 提升机卷筒结构对多层缠绕双钢丝绳变形失谐的影响[J]. 煤炭学报, 2016, 41(8): 2121-2129.

[54] 夏荣海. 矿井提升设备容许最大绳弦内偏角和钢丝绳缠绕间隙[J]. 煤炭学报, 1964(2): 3-12.

[55] 江华. 卷筒绕进绕出钢丝绳与相邻绳的最小间距计算[J]. 起重运输机械, 2011(S1): 24-25.

[56] 陈国荣. 弹性力学[M]. 南京: 河海大学出版社, 2001: 132-136.

[57] 国家质量监督检验检疫总局, 国家标准化管理委员会. 矿井提升机和矿用提升绞车安全要求 GB20181-2006[S]. 北京: 中国标准出版社, 2006.

[58] Peng Y X, Chang X D, Zhu Z C. Sliding friction and wear behavior of winding hoisting rope in ultra-deep coal mine under different conditions[J]. Wear, 2016, 368: 423-434.

[59] Chang X D, Peng Y X, Zhu Z C, et al. Effects of strand lay direction and crossing angle on tribological behavior of winding hoist rope[J]. Materials, 2017, 10(6): 630.

[60] Chang X D, Peng Y X, Zhu Z C, et al. Tribological properties of winding hoisting rope between two layers with different sliding parameters[J]. Advances in Mechanical Engineering, 2016, 8(12): 1-14.

[61] Garkusha N G, Dvornikov V I. Equations of motion for a mine elevator treated as a one-dimensional elastic structure[J]. Soviet Applied Mechanics, 1969, 5(12): 1355-1357.

[62] 张鹏. 高速电梯悬挂系统动态性能的理论与实验研究[D]. 上海: 上海交通大学, 2007.

[63] 包继虎. 高速电梯提升系统动力学建模及振动控制方法研究[D]. 上海: 上海交通大学, 2014.

第4章 层间过渡装置的结构设计研究 及变形失谐的影响和控制

4.1 引 言

在超深矿井提升中，钢丝绳在卷筒绳槽上进行一层缠绕时，钢丝绳沿卷筒轴线方向排绳，在一层缠满后，钢丝绳在挡绳板位置处会向第二层缠绕。钢丝绳多层缠绕不可避免地要进行层间过渡，即必须进行从一层到第二层缠绕的层间过渡。多层缠绕钢丝绳在层间过渡时，缠绕半径会变大，由此导致钢丝绳的线速度变大，加速度变大，动张力增大。为了实现钢丝绳层间过渡平稳，人们对此进行了许多研究，普遍采用层间过渡装置来解决，即缠绕钢丝绳需在两个挡绳板位置借助层间过渡装置实现钢丝绳的换层和换向缠绕。层间过渡装置的基本作用就是支撑和引导提升钢丝绳在层间过渡阶段进行有序整齐的换层和换向。如果在多层缠绕层间过渡阶段没有设计和安装合适的层间过渡装置，就会引起钢丝绳卡绳、骑绳和咬绳等现象，导致缠绕乱绳、钢丝绳滑移和冲击，增大钢丝绳的摩擦磨损断丝等，引起钢丝绳的动张力产生突变，产生断丝，引起提升系统变形失谐，严重影响钢丝绳的使用寿命和提升系统安全，严重时可能造成钢丝绳断绳的安全事故。由此知道层间过渡装置在多层缠绕中的重要性。层间过渡装置的结构和形状是影响钢丝绳平稳整齐排绳和使用寿命的关键因素。为了防止层间过渡时钢丝绳间发生卡绳、挤压、滑动冲击等现象，必须认真地研究各类缠绕方式的层间过渡特点，采取相应措施来达到上述目标。钢丝绳磨损大都发生在圈间过渡段，而断丝数最多的位置都靠近层间过渡段，层间过渡装置的基本结构型式与圈间过渡区长度和两圈间过渡区的布置位置息息相关，直接影响到钢丝绳的运行是否平稳和排绳是否整齐。层间过渡装置曲面型式的设计需仔细分析钢丝绳在层间过渡时的运动过程、每一个截面位置相邻钢丝绳与层间过渡装置的几何关系，然后计算推导并形成通用的理论公式。本章将首先分析传统的 Lebus 绳槽及其层间过渡装置的优缺点，并在此基础上深入分析钢丝绳多层缠绕的运动行为，分析钢丝绳层间缠绕支撑和导向时在平行段和折线段以及在卷筒两侧不同层的层间过渡位置的几何关系，提出适合超深、重载、高速要求的层间过渡装置结构，继而确定其理论计算公式；最后，计算并比较钢丝绳在两种层间过渡装置上缠绕的加速度，最终确定适合超深井提升的层间过渡装置。

4.2　Lebus 绳槽的层间过渡运动过程分析

4.2.1　层间过渡装置研究简述及层间过渡运动过程分析

到目前为止,还未见到从理论到实践都较为理想的层间过渡装置的详细资料。Wieschel 等[1]在 1978 年申请了专利"带阶梯法兰盘的缠绕卷筒",据称可以让钢丝绳在卷筒上缠绕 6 层甚至更多。但其对过渡装置及绳槽的形状尺寸、缠绕机理等并未交代清楚。Lebus 绳槽[2-4]是国外的一种适合钢丝绳多层缠绕的绳槽型式,据称采用这种绳槽进行多层缠绕,缠绕层数可以达到 50 层,但并未见绳槽及过渡装置的详细数据资料。Фидровская 等[5]介绍了在安装平行折线绳槽的卷筒两侧添加台阶式过渡块来实现钢丝绳多层缠绕,但也未给出详细的数学推导过程。国内的学者也做了较多研究。牛岩军[6]设计了一种基于高阶贝塞尔曲线的 1~2 层层间过渡装置,通过实例分析了该层间过渡装置确保钢丝绳平稳层间过渡的有效性。但是其认为圈间过渡时的运动曲线与层间过渡相同,且并未详细分析钢丝绳在层间过渡时的运动状态。杨厚华[7]等分两种情况(即不计摩擦和考虑摩擦)推出钢丝绳抬升时对轮缘挤压力的计算公式,得出抬升时滚筒转角越大,轮缘所受压力越小。滚筒转角相同时考虑摩擦时的轮缘压力远小于忽略摩擦的轮缘压力。加上过渡块后,钢丝绳对下层绳圈压力会减小一半。蒋金蓉[8]等提出在大型起吊机构中采用双动力卷筒可以牵引绞车系统实现提升功能,储绳绞车实现收放存储功能,这种多层缠绕方式的缺点是系统庞大、结构复杂、造价高,优点是提升和存储分开,无论提升重量多大,储绳卷筒的钢丝绳张力都可保持在较小范围,避免卡绳,减少摩擦。李哲[9]提出钢丝绳磨损严重位置通常发生在折线段,且断丝数最大位置都靠近导向垫块,导向垫块末端斜端面磨损较大。其对垫块、钢丝绳进行了建模仿真运算,通过钢丝绳与垫块之间的接触力变化来判断导向垫块对钢丝绳挤压、磨损、排绳的影响。但其未对过渡装置的形状做详细的数学推导。胡勇[10]、胡志辉等[11-12]、利歌[13-15]等对 2 层和 3 层过渡装置进行了较为详细的几何推导,但是其数学推导过程未考虑绳槽深度,而且 2~3 层爬升结束后仍然会在挡绳板与第二层最后一圈钢丝绳的间隙中爬行,极易形成卡绳。胡水根等[16-18]提出钢丝绳在双折线卷筒内的卷绕排列有三种形式:金字塔(大多数直线段);轴线交叉"X"形(折线段),处于临界稳定状态;斜楔式(两侧过渡处),不稳定。得出三种排列方式的挤压力公式,金字塔式挤压力最小,斜楔式由于"楔增压"挤压力和磨损量最大。胡水根、利歌[19]等提出双折线绳槽在下层钢丝绳向上层钢丝绳过渡时,在一个绳槽直线段,钢丝绳与卷筒挡环间会形成一个宽度为半个绳径的空档,使钢丝绳挤压力增大,且此处钢丝绳卷绕形成的圆圈表面凹陷,影响后续层钢丝绳的排列。单折线绳槽克服了双折线绳槽的这种缺陷,四层及四层以上的卷绕,应采用单折线绳槽。龚宪生等[20]推导了单过渡平行绳槽和对称双过渡平行绳槽,绳槽数目和绳圈间隙的公式,螺旋绳槽、单过渡平行绳槽和对称双过渡平行绳槽层间过渡块的计算公式。当时只研究了 1~2 层的层间过渡装置结构。张鹏[21]对缠绕三层的层间过渡装置结构进行了研究,并对 1~2 层钢丝绳层间过渡过程进行了动力学仿真。但是其公式中还有未知参量无法确定,因此公式缺乏普适性。

　　在实际应用中，为了使得钢丝绳在层间过渡过程中不卡绳，在最初，仅仅是在卷筒两侧挡绳板合适位置加楔形木块，发展到现在，所用层间过渡装置的型式各异，应用效果也不尽相同。在国外多数应用 Lebus 绳槽过渡装置，但是这种装置在第三层钢丝绳爬升结束后，第三层的第一圈钢丝绳将在挡绳板和第二层钢丝绳所形成的缝隙中爬行。在超深矿井高速、重载的情况下，这种型式的层间过渡装置容易造成卡绳，钢丝绳挤压、断丝，磨损严重，多点提升时缠绕不同步等问题，使得钢丝绳多层缠绕不能平稳顺利进行，严重影响提升工作的安全。

　　钢丝绳在进行层间过渡时，由于缠绕半径变化会引起钢丝绳的速度变化和加速度变化，进而引发钢丝绳动张力变化。现有的层间过渡装置在超深矿井高速、重载的情况下极容易造成过渡不平稳、卡绳、骑绳等问题，继而造成多点提升时缠绕不同步、动张力增大、钢丝绳磨损等问题，使得钢丝绳多层缠绕不能顺利进行并且加大了安全隐患，因此需要研究提出并设计一种新的层间过渡装置，以保证钢丝绳多层缠绕平稳顺利进行。

　　综上所述，要在超深矿井提升装备上实现多层缠绕，必须仔细研究确定两个圈间过渡区长度及圈间过渡区布置方式，同时研究层间过渡装置的结构型式，解决多层缠绕层间过渡时卡绳、挤压、滑移冲击和钢丝绳断丝、磨损等一系列问题，使得钢丝绳平稳、有序地进行多层缠绕。本节将主要对层间过渡方式及过渡装置的结构型式和几何参数等进行研究。

　　目前我国一些进口的起重机、水利启闭机上的多层缠绕层间过渡装置是采用 Lebus 公司的。我国中信重工机械股份有限公司曾经制作 Lebus 层间过渡装置用于矿井提升机的试验上，对应的卷筒绳槽衬垫展开图如图 4.1 所示。该绳槽是对称双折线平行绳槽，位于出绳口一侧的装置为 2~3 层层间过渡装置，出绳口对面一侧的为 1~2 层层间过渡装置，它展开总长为：1 个直线区加 1.5 个折线区。依次分为抬起段、平过渡段、圈间过渡段几个部分。2~3 层层间过渡装置展开总长与 1~2 层层间过渡装置一样：1 个直线区加 1.5 个折线区。依次分为支撑段、平过渡段、抬起段、间隙爬行段、圈间过渡段几个部分。其层间过渡装置具有以下特点：①1~2 层层间过渡装置与 2~3 层层间过渡装置总长度一样。②1~2 层的圈间过渡段与 2~3 层的支撑段的层间过渡装置结构、尺寸完全相同。③层间过渡装置整体呈凸面结构。

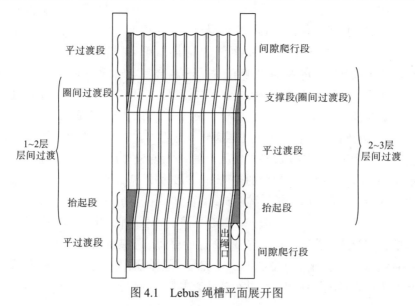

图 4.1　Lebus 绳槽平面展开图

　　图 4.2(彩图见附录)中蓝色矩形为卷筒两侧法兰或层间过渡装置辅助挡绳板，黄色截面表示层间过渡装置在不同位置截面，深蓝色圆表示第一层最后一圈钢丝绳截面，绿色圆表示第二层倒数第二圈钢丝绳截面，紫色圆表示第二层最后一圈钢丝绳截面。

　　第一层最后一圈钢丝绳(深蓝色圆)在 0～1 位置由绳槽末端的斜坡引导台从绳槽底部爬升到绳槽顶部；然后在 1～2 层层间过渡装置的抬起段(图 4.2 中 1～3 段)抬高，层间过渡装置的宽度由 1 个节距变为 1/2 个节距；在平过渡段(图 4.2 中 3～4 段)层间过渡装置形状不变；在圈间过渡段(图 4.2 中 4～5 段)蓝色钢丝绳被继续抬高，层间过渡装置的宽度由 1/2 个节距变为 1/4 个节距，之后在绳偏角、钢丝绳张力等作用下滑落至下层钢丝绳形成的绳槽中。

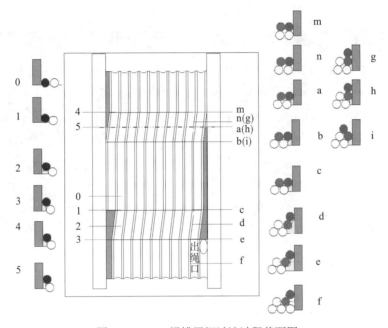

图 4.2　Lebus 绳槽层间过渡过程截面图

　　第二层最后一圈钢丝绳(紫色圆)在 a 位置被挤到支撑段(图 4.2 中 a～b 段)层间过渡装置上，层间过渡装置的宽度由 1/4 个节距变为 1/2 个节距，a～b 段与 4～5 段的层间过渡装置的结构完全相同，之后紫色钢丝绳的高度随着过渡装置形状的变化有轻微下降，第二层倒数第二圈钢丝绳(绿色圆)逐渐滑落至第一层最后两圈钢丝绳形成的绳槽中；在平过渡段(图 4.2 中 b～c 段)层间过渡装置形状不变，第二层倒数第二圈钢丝绳(绿色圆)在第一层最后两圈钢丝绳形成的绳槽中稳定缠绕，位置不变；然后在 2～3 层层间过渡装置的抬起段(图 4.2 中 c～e 段)抬高，层间过渡装置开始分两层，下层宽度由 1/2 个节距逐渐变成 1 个节距，上层宽度由 0 逐渐变成 1/2 个节距，第二层倒数第二圈钢丝绳(绿色圆)被倒数第三圈钢丝绳推挤至上下层过渡装置形成的台阶上，第二层最后一圈钢丝绳(紫色圆)推挤、抬高至上层过渡装置的上顶面；e 位置之后第二层最后一圈钢丝绳(紫色圆)将在第二层倒数第二圈钢丝绳(绿色圆)与挡绳板之间的间隙继续缠绕(平过渡段，图 4.2 中 e～f～m 段)，直到圈间过渡段(图 4.2 中 m～h～i 段)在绳偏角、钢丝绳张力等作用下滑落至第二层钢丝绳形成的绳槽中，至此 2～3 层层间过渡结束。

由图 4.2 可知，Lebus 绳槽的 1～2 层层间过渡装置由截面形状不等的单层凸状弧面构成，2～3 层层间过渡装置支撑段和平过渡段(图 4.2 中 a～e 段)由截面形状不等的单层凸状弧面构成，抬起段(图 4.2 中 c～e 段)由截面形状不等的双层凸状弧面构成。

4.2.2　Lebus 绳槽的层间过渡运动过程的三维模拟

为了更好地说明 Lebus 层间过渡装置在层间过渡时钢丝绳的运动状态，现绘制出绳槽、层间过渡装置、钢丝绳的三维立体图，如图 4.3(彩图见附录)所示。图 4.3 中黑色圆柱代表第 1 层钢丝绳，层间过渡位置的钢丝绳分别用其他颜色替代。

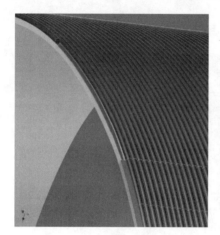

图 4.3　Lebus 绳槽 1～2 层抬起段立体图

如图 4.3 所示，黄色圆柱为第一层最后一圈钢丝绳，紫色段为斜坡引导台，作用是把第一层最后一圈钢丝绳从绳槽底部逐渐抬升至绳槽顶部(即图 4.2 中所示 0～1 段为初始段)，与此连接的是红色爬高过渡段(即图 4.2 中所示 1～3 段)，是第二层抬起段 1～2 层层间过渡装置，蓝色部分为平过渡段(即图 4.2 中所示 3～4 段)，图 4.4(彩图见附录)中绿色部分为圈间过渡段(即图 4.2 中所示 4～5 段)。

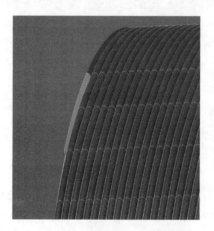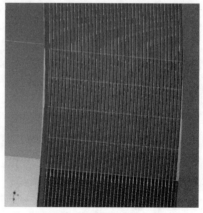

图 4.4　Lebus 绳槽 1～2 层圈间过渡段立体图

　　为显示清楚，现将圈间过渡的钢丝绳变为紫色，如图 4.4 所示。绿色圈间过渡段仅为折线区长度的一半，即在折线区的中点位置紫色钢丝绳开始从第一层最后一圈钢丝绳的顶部缠绕进入至第一层最后两圈钢丝绳形成的绳槽中，自此第一层钢丝绳层间过渡结束。

　　现在分析钢丝绳在 Lebus 层间过渡装置爬升 2～3 层时的运动情况，图 4.4 和图 4.5（彩图见附录）中黑色圆柱为第一层钢丝绳，红色圆柱为第二层钢丝绳。2～3 层层间过渡装置位于出绳口一侧，绿色为支撑段，即第二层向第三层过渡的起点。第二层最后一圈钢丝绳在此位置向挡绳板方向偏移半个节距并滑落至过渡装置与第一层第一圈钢丝绳形成的绳槽中，此段的长度为折线区的一半。

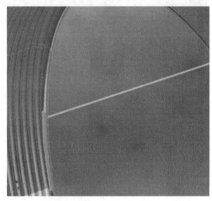

图 4.5　Lebus 绳槽 2～3 层支撑段立体图

　　蓝色为 2～3 层过渡装置的平过渡段，此段第二层最后一圈钢丝绳在过渡装置与第一层第一圈钢丝绳形成的绳槽中平稳运行，上下层钢丝绳的位置都不会变化。图 4.6（彩图见附录）中黄色为第二层平行段钢丝绳。

图 4.6　Lebus 绳槽 2～3 层平过渡段立体图

　　图 4.7（彩图见附录）中红色为 2～3 层层间过渡装置的抬起段，长度等于一个折线段，此段结束位置是出绳口。在此段第二层最后一圈钢丝绳被抬高，第一层第二圈钢丝绳向挡绳板方向偏移半个节距。

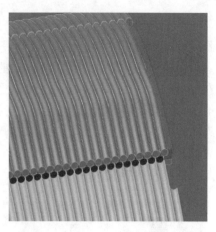

图 4.7　Lebus 绳槽 2~3 层抬起段立体图

图 4.8(彩图见附录)中粉色圆柱为第二层最后一圈钢丝绳在红色抬起段的位置图,钢丝绳在此段结束后被抬起到第三层的位置,之后没有层间过渡装置为第三层第一圈钢丝绳(粉色圆柱)做支撑,其将在挡绳板与第二层最后一圈钢丝绳的缝隙中爬行,之后在圈间过渡段(即支撑段)在绳偏角和挡绳板的共同作用下再向左偏移半个节距,落入第二层最后两圈钢丝绳形成的绳槽中,完成 2~3 层层间过渡。

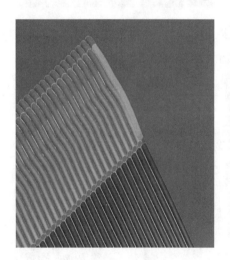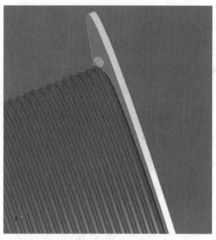

图 4.8　Lebus 绳槽 2~3 层间隙爬行段立体图

在详细分析完 Lebus 绳槽的层间过渡装置的结构特点及运动过程之后,不难发现其有以下两个缺点:①层间过渡装置均为凸状弧面,层间过渡时钢丝绳与其均是线接触,这样会造成层间过渡装置局部压力较大,而且钢丝绳磨损也较大。②2~3 层层间过渡装置仅有抬起段,即只把第二层最后一圈钢丝绳抬高,之后平过渡段钢丝绳会在挡绳板与第二层最后一圈钢丝绳的缝隙中缠绕,在高速、重载条件下,超深井多层缠绕提升钢丝绳使用 Lebus 绳槽的层间过渡装置结构容易引起卡绳并难以保证整齐排绳,从而降低钢丝绳使用寿命和安全性。

因此，这种 Lebus 层间过渡装置不符合本研究提升样机超深、高速、重载的要求，本章将重新研究并提出层间过渡装置新的设计思路和设计方法。

4.3　超深矿井提升机层间过渡装置设计新思想和新方法

根据上一节的分析，在超深、重载、高速的要求下，Lebus 公司提供的层间过渡装置容易在 2~3 层层间过渡时卡绳，对超深井提升的安全运行造成隐患，所以必须设计性能更为优良的层间过渡装置，新的设计思想为：①将层间过渡装置的横截面均设计为凹状面，这样就使钢丝绳在层间过渡时与其始终是面接触，可以减小层间过渡装置的局部压力，减少钢丝绳和层间过渡装置磨损。②横截面为凹状面的层间过渡装置使得钢丝绳在 2~3 层过渡时避免第二层最后一圈钢丝绳在缝隙中缠绕，如图 4.8 所示，使钢丝绳始终有层间过渡装置支撑，进而消除卡绳的可能。③根据第二条的思想，将 2~3 层的层间过渡装置总长增加为两个折线区加两个直线区，出绳口也改为图示位置的折线区，如图 4.9 所示。

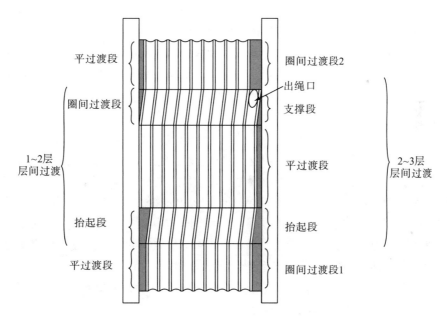

图 4.9　新提出的绳槽及层间过渡装置平面展开图

现分析钢丝绳层间运动过程，图 4.10(彩图见附录)中蓝色矩形为卷筒两侧法兰或层间过渡装置辅助板，黄色截面表示层间过渡装置在不同位置截面，紫色圆代表第一层最后一圈钢丝绳，绿色圆为第二层最后一圈钢丝绳，蓝色圆为倒数第二圈钢丝绳。

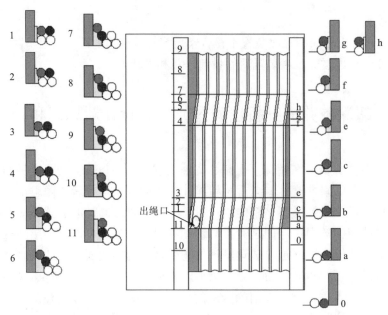

图 4.10 新提出的绳槽及层间过渡装置层间过渡过程截面图

第一层最后一圈钢丝绳缠绕至 0 位置时钢丝绳从绳槽底部沿着辅助斜坡爬升至绳槽顶部 a 位置。a～e 位置是 1～2 层层间过渡的抬起段，过渡装置的宽度从 1 个节距减少至 1/2 个节距。e～f 位置是平过渡段，此段是一段等宽等高的过渡装置。f～h 位置是圈间过渡段，过渡装置的宽度从 1/2 个节距减少为 1/4 个节距，第一层最后一圈钢丝绳被推挤缠绕到下层钢丝绳的顶部，之后在绳偏角和钢丝绳张力的共同作用下缠绕进入至下层钢丝绳最后两圈形成的绳槽中。

现分析 2～3 层层间过渡过程，1～3 位置是支撑段，第二层最后一圈钢丝绳从下层钢丝绳的顶端缠绕进入至第一层第一圈钢丝绳与过渡装置形成的支撑中，过渡装置的宽度从 1/4 个节距增加至 1/2 个节距；3～4 位置是平过渡段，是一段等宽等高的过渡装置；4～7 位置是抬起段，倒数第二圈钢丝绳从下层钢丝绳形成的绳槽被推挤缠绕到第一层第一圈钢丝绳与过渡装置形成的支撑中，第二层最后一圈钢丝绳从第二层的位置被不断抬高，过渡装置底座宽度从 1/2 个节距增加至 1 个节距；7～11 位置为圈间过渡段，仅有第二层最后一圈钢丝绳被继续抬高推挤缠绕至蓝色钢丝绳的顶部，此过程中其余钢丝绳位置均没有发生改变。之后钢丝绳在绳偏角和钢丝绳张力的共同作用下缠绕进入至下层钢丝绳最后两圈形成的绳槽中，钢丝绳顺利进入第三层缠绕。

4.4 层间过渡装置各参数的设计计算方法

4.4.1 1～2 层层间过渡装置的结构设计

现对层间过渡装置结构及参数做详尽研究。从出绳口开始，第一层钢丝绳沿绳槽缠绕并在每个折线区沿卷筒轴线向对面挡绳板前进半个节距(p 代表钢丝绳节距)，直到第一层钢丝绳最后一圈运动到 0 位置，然后钢丝绳被逐渐抬起，到 a 位置时钢丝绳被抬起至绳槽的上顶面，然后 1～2 过渡装置把第 1 层最后一圈钢丝绳逐步支撑托起到一个绳径高后，并在层间过渡装置、钢丝绳张力、接触钢丝绳间摩擦力、钢丝绳偏角等的综合作用下，钢丝绳进入第 1 层钢丝绳形成的绳槽中，完成换层过渡，如图 4.10、图 4.11(彩图见附录)所示。

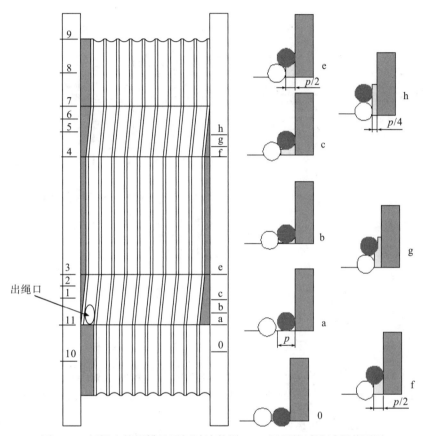

图 4.11　新提出的绳槽及层间过渡装置 1～2 层层间过渡过程截面图

为更好地使钢丝绳从绳槽底部爬升到绳槽顶部并顺利地开始 1～2 层的层间过渡，需先在 0～a 位置设计一个引导平台，其爬升高度为 h_s，0～a 位置对应的圆心角为

$$\gamma_{0\sim a} = \frac{\gamma \times h_s}{\left(\dfrac{\sqrt{3}}{2}d - h_s\right)} = \frac{2\gamma h_s}{(\sqrt{3}d - 2h_s)} \tag{4.1}$$

式中，d 为钢丝绳直径；h_s 为绳槽深度；$\gamma_{0\sim a}$ 为引导平台对应圆心角弧度。

1～2 层层间过渡装置的结构设计如下：

(1)层间过渡段 a～e 位置(即 $(d+\varepsilon)/2 \leqslant b \leqslant d+\varepsilon$；$0 \leqslant \theta \leqslant \gamma$)。

1～2 层层间过渡装置依次分为层间过渡块、平过渡块和圈间过渡块三部分，如图 4.12 所示，其展开图总长为：1 个直线区加 1.5 个折线区。现分析推导层间过渡块任意位置的结构计算式，图 4.13 为层间过渡块任意位置的截面图，由图示几何关系可得层间过渡时过渡装置任意位置的宽度和总高度计算公式：

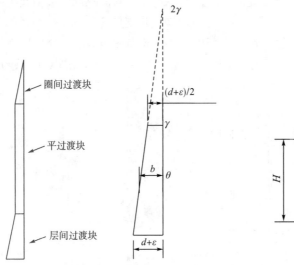

图 4.12　过渡块构成展开图

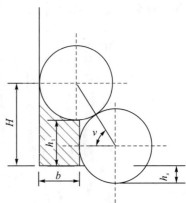

4.13　层间过渡块抬起段任意位置截面图

$$b = (d + \varepsilon)\left(1 - \frac{\theta}{2\gamma}\right) \tag{4.2}$$

$$H = d\sin\left[\arccos\left(1 - \frac{\theta}{2\gamma}\right)\right] + \frac{d}{2} - h_s \tag{4.3}$$

$$h_1 = H - \frac{d}{2} = d\sin\nu - h_s = d\sin\left[\arccos\left(1 - \frac{\theta}{2\gamma}\right)\right] - h_s \tag{4.4}$$

式中，b 为任意位置过渡装置的宽度；H 为任意位置过渡装置的总高度；ε 为绳槽间隙；h_s 为绳槽深度；γ 为圈间过渡区对应圆心角弧度（总弧长）；θ 为圈间过渡区任意位置对应圆心角弧度。

　　(2) 平过渡块 e～f 位置，对应弧度为一个直线区对应圆心角，各部分的结构不变。平过渡段任意位置截面图如图 4.14 所示，其中各参数计算公式如下：

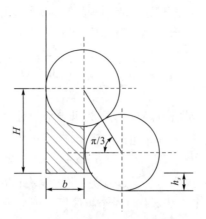

图 4.14　平过渡段任意位置截面图

$$b = (d+\varepsilon)\left(1 - \frac{\theta}{2\gamma}\right) = \frac{(d+\varepsilon)}{2} \tag{4.5}$$

$$H = d\sin\left[\arccos\left(1 - \frac{\theta}{2\gamma}\right)\right] + \frac{d}{2} - h_s = d\left(\frac{1+\sqrt{3}}{2}\right) - h_s \tag{4.6}$$

式中，b 为任意位置过渡块的宽度；H 为任意位置过渡块的总高度；ε 为绳槽间隙；h_s 为绳槽深度。

(3)圈间过渡段 f～h 位置（即 $(d+\varepsilon)/4 \leqslant b \leqslant (d+\varepsilon)/2$，$0 \leqslant \theta \leqslant \gamma/2$）。

第 1 层最后一圈钢丝绳被继续抬高，下层过渡块宽度变窄，由 $(d+\varepsilon)/2$ 逐渐变为 $(d+\varepsilon)/4$，上层过渡块变宽，由 0 逐渐变为 $(d+\varepsilon)/4$，图 4.15 为圈间过渡时任意位置图。

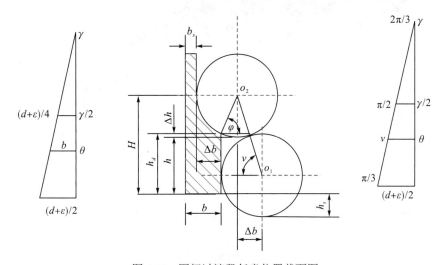

图 4.15　圈间过渡段任意位置截面图

钢丝绳在圈间过渡段 f～h 位置运行时，上下层钢丝绳的极角 v 从 $\pi/3$ 变化为 $\pi/2$，根据图 4.15 中右侧示意图可得

$$\frac{v}{(2\pi/3)} = \frac{\gamma - \theta}{\gamma} \tag{4.7}$$

$$b_s = \frac{d+\varepsilon}{2}\frac{\gamma-\theta}{\gamma} - d\cos v = \frac{d+\varepsilon}{2}\left(\frac{\theta}{\gamma}-1\right) - d\cos\left[\frac{2\pi}{3}\left(1 - \frac{\theta}{\gamma}\right)\right] \tag{4.8}$$

$$b = b_s + \Delta b = \frac{d+\varepsilon}{2}\frac{\gamma-\theta}{\gamma} \tag{4.9}$$

$$\begin{aligned} h_d &= d\sin v + \frac{d}{2} - d\sqrt{\cos v - \cos^2 v} - h_s = d\sin\left[\frac{2\pi}{3}\left(1 - \frac{\theta}{\gamma}\right)\right] + \frac{d}{2} \\ &\quad - d\sqrt{\cos\left[\frac{2\pi}{3}\left(1 - \frac{\theta}{\gamma}\right)\right] - \cos^2\left[\frac{2\pi}{3}\left(1 - \frac{\theta}{\gamma}\right)\right]} - h_s \end{aligned} \tag{4.10}$$

$$H = d\cdot\sin v + \frac{d}{2} - h_s = d\cdot\sin\left[\frac{2\pi}{3}\left(1 - \frac{\theta}{\gamma}\right)\right] + \frac{d}{2} - h_s \tag{4.11}$$

式中，b 为任意位置过渡块的宽度；H 为任意位置过渡块的总高度；ε 为绳槽间隙；h_d 为垫块高度；h_s 为绳槽深度；b_s 为上层任意位置过渡块的宽度；Δb 为上、下层任意位置过渡块的宽度之差；v 为极角(即上下层钢丝绳轴心连线与水平轴线的夹角)；γ 为圈间过渡区对应圆心角弧度(总弧长)；θ 为圈间过渡区任意位置对应圆心角弧度。

　　式(4.8)和式(4.9)即圈间过渡任意位置宽度的理论计算公式，式(4.10)和式(4.11)即圈间过渡任意位置高度的理论计算公式。按照公式绘制出 1～2 层层间过渡装置的三维模型如图 4.16、图 4.17 所示。

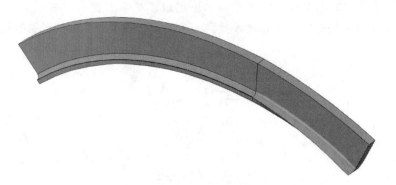

图 4.16　1～2 层抬起段加平过渡段（a～e～f 段）层间过渡装置立体图

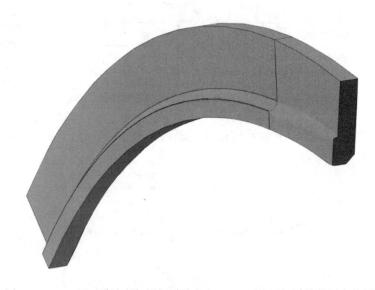

图 4.17　1～2 层平过渡段加圈间过渡段(e～f～h 段)层间过渡装置立体图

4.4.2　2～3 层层间过渡装置的结构设计

　　出绳口放置在 2～3 层层间过渡装置一侧，如图 4.18(彩图见附录)所示，绿色圆和蓝色圆分别代表第二层最后一圈和倒数第二圈钢丝绳，蓝色矩形代表辅助挡绳板，黄色截面代表层间过渡装置截面，p 代表钢丝绳节距。当第二层最后一圈钢丝绳运动到 1 位置时，

过渡装置的宽度为 $p/4$，1～3 位置对应圆心角的弧度为 $\gamma/2$；4～5 位置，对应圆心角的弧度为 $\gamma/4$，第二层最后一圈钢丝绳被继续抬高，过渡块宽度从 $p/2$ 增加至 $3p/4$；5～7 位置对应圆心角的弧度为 $\gamma/4$，最后一圈钢丝绳不断被抬高，过渡装置逐渐被分为两层，下层宽度从 4 位置的 $p/2$ 增加至 7 位置的 p，上层从 5 位置的 $3p/4$ 减少至 7 位置的 $p/2$；7～11 位置过渡装置对应圆心角弧度为一个直线段对应弧度 η，分为上、中、下三部分，中层和下层的宽度均不会发生改变，上层宽度从 0 增加至 $p/2$，第二层最后一圈钢丝绳被支撑引导至下层钢丝绳的正上方顶部，最终在绳偏角、钢丝绳张力等的作用下缠绕进入至下层钢丝绳形成的绳槽中，完成换层过渡。

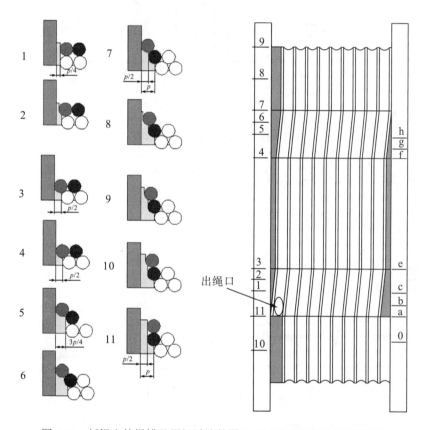

图 4.18　新提出的绳槽及层间过渡装置 2～3 层层间过渡过程截面图

2～3 层层间过渡装置依次分为支撑段过渡块、平过渡块、抬起段过渡块和圈间过渡块几个部分，其展开图总长为：2 个直线区加 2 个折线区。1～3 段为支撑段，3～4 段为平过渡段，4～5 段为抬起段 A，5～7 段为抬起段 B，7～9 段为圈间过渡段 1，9～11 段为圈间过渡段 2。现分析层间过渡块任意位置的结构计算式，折线区对应圆心角弧度用 γ 表示，直线区对应圆心角弧度用 η 表示，过渡块任意位置对应圆心角弧度用 θ 表示，其中 $0 \leqslant \theta \leqslant \gamma$。

（1）支撑段（即 1～3 段，$(d+\varepsilon)/4 \leqslant b \leqslant (d+\varepsilon)/2$，$0 \leqslant \theta \leqslant \gamma/2$）。

第 2 层最后一圈钢丝绳在此阶段向挡绳板方向偏移 1/4 个节距 p，此段层间过渡装置主要是把这部分钢丝绳支撑住，把钢丝绳顺利导向到平过渡段。此段对应圆心角弧度为 $\gamma/2$。其过渡区域宽度与对应圆心角弧度关系图和任意位置截面图如图 4.19 所示。

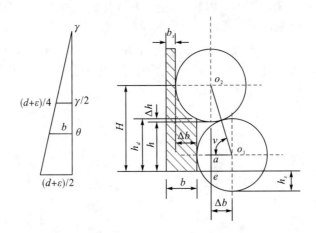

图 4.19　支撑段任意位置截面图

钢丝绳在 1～3 段的结构与 f～h 段相同，可得

$$\cos v = \cos\left[\frac{2\pi}{3}\left(1-\frac{\theta}{\gamma}\right)\right] \tag{4.12}$$

$$b_s = \frac{d+\varepsilon}{2}\frac{\gamma-\theta}{\gamma} - d\cos v = \frac{d+\varepsilon}{2}\left(\frac{\theta}{\gamma}-1\right) - d\cos\left[\frac{2\pi}{3}\left(1-\frac{\theta}{\gamma}\right)\right] \tag{4.13}$$

$$b = b_s + \Delta b = \frac{d+\varepsilon}{2}\frac{\gamma-\theta}{\gamma} \tag{4.14}$$

$$
\begin{aligned}
h_d &= d\sin v + \frac{d}{2} - d\sqrt{\cos v - \cos^2 v} - h_s \\
&= d\sin\left[\frac{2\pi}{3}\left(1-\frac{\theta}{\gamma}\right)\right] + \frac{d}{2} - d\sqrt{\cos\left[\frac{2\pi}{3}\left(1-\frac{\theta}{\gamma}\right)\right] - \cos^2\left[\frac{2\pi}{3}\left(1-\frac{\theta}{\gamma}\right)\right]} - h_s
\end{aligned}
\tag{4.15}
$$

$$H = d\cdot\sin v + \frac{d}{2} - h_s = d\cdot\sin\left[\frac{2\pi}{3}\left(1-\frac{\theta}{\gamma}\right)\right] + \frac{d}{2} - h_s \tag{4.16}$$

式中，b 为任意位置过渡装置的宽度；H 为任意位置过渡装置的总高度；ε 为绳槽间隙；h_s 为绳槽深度；h_d 为垫块高度；b_s 为上层任意位置过渡装置的宽度；Δb 为上、下层任意位置过渡装置的宽度之差；v 为极角（即上下层钢丝绳轴心连线与水平轴线的夹角）；γ 为圈间过渡区对应圆心角弧度（总弧长）；θ 为圈间过渡区任意位置对应圆心角弧度。

（2）平过渡装置各部分的结构不变（即 3～4 段，$b = (d+\varepsilon)/2$，$\theta = \gamma$）。

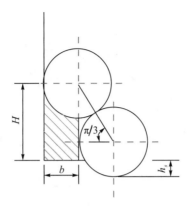

图 4.20　平过渡段任意位置截面图

平过渡位置时极角为 π/3（图 4.20），所以平过渡时任意位置的宽度和高度为

$$b = d\left(1 - \frac{\theta}{2\gamma}\right) = \frac{d+\varepsilon}{2} \tag{4.17}$$

$$H = d\sin\left[\arccos\left(1 - \frac{\theta}{2\gamma}\right)\right] + \frac{d}{2} - h_s = d\left(\frac{1+\sqrt{3}}{2}\right) - h_s \tag{4.18}$$

式中，b 为任意位置过渡装置的宽度；H 为任意位置过渡装置的总高度；ε 为绳槽间隙；h_s 为绳槽深度。

（3）抬起段过渡块 A（即 4～5 段，$(d+\varepsilon)/2 \leqslant b \leqslant 3(d+\varepsilon)/4$，$\gamma \leqslant \theta \leqslant \gamma/2$）。

平过渡块之后，第 2 层最后一圈钢丝绳将被继续抬高，过渡块宽度变大由 $(d+\varepsilon)/2$ 增加至 $3(d+\varepsilon)/4$，任意位置截面图如图 4.21 所示。

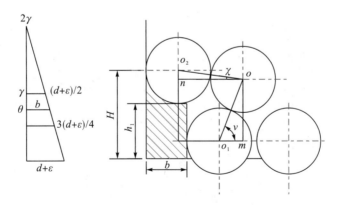

图 4.21　抬起段 A 任意位置截面图

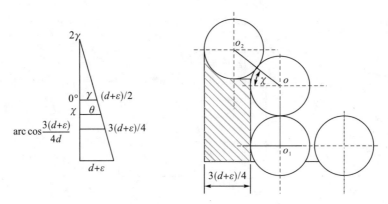

图 4.22　抬起段 A 结束位置(5 位置)截面图

根据其几何位置关系及三角公式可得

$$b = (d + \varepsilon) \frac{2\gamma - \theta}{2\gamma} \tag{4.19}$$

极角 1 χ 将从平过渡时期的 $0°$ 变为抬起段 A 结束位置(图 4.22)对应角度,此时极角 1 χ 为

$$\cos \chi = \frac{3(d + \varepsilon)}{4d} \tag{4.20}$$

则任意位置极角 1 χ 为

$$\frac{\chi}{\arccos \dfrac{3(d + \varepsilon)}{4d}} = \frac{2\gamma - \theta}{\dfrac{\gamma}{2}} \tag{4.21}$$

同理极角 v 从 $\pi/3$ 变到 5 位置的 $\pi/2$,则任意位置的极角为

$$\frac{v}{\pi} = \frac{2\gamma - \theta}{\gamma} \tag{4.22}$$

则抬起段 A 任意位置的高度为

$$H = d \sin v + d \sin \chi$$

$$= d \left\{ \sin \left[\pi \left(\frac{2\gamma - \theta}{\gamma} \right) \right] + \sin \left[\arccos \frac{3(d + \varepsilon)}{4d} \times \left(4 - \frac{2\theta}{\gamma} \right) \right] \right\} \tag{4.23}$$

$$h_1 = H - \frac{d}{2}$$

$$= d \left\{ \sin \left[\pi \left(\frac{2\gamma - \theta}{\gamma} \right) \right] + \sin \left[\arccos \frac{3(d + \varepsilon)}{4d} \times \left(4 - \frac{2\theta}{\gamma} \right) \right] \right\} - \frac{d}{2} \tag{4.24}$$

式中,b 为任意位置过渡块的宽度;H 为任意位置过渡块的总高度;ε 为绳槽间隙;h_s 为绳槽深度;v 为极角(即上下层钢丝绳轴心连线与水平轴线的夹角);χ 为极角 1(即上下层钢丝绳轴心连线与水平轴线的夹角);γ 为圈间过渡区对应圆心角弧度(总弧长);θ 为圈间过渡区任意位置对应圆心角弧度。

(4)抬起段过渡块 B(即 5～7 段，$3(d+\varepsilon)/4 \leq b \leq d+\varepsilon$，$\gamma/2 \leq \theta \leq 0$)。

2～3 层层间过渡时逐渐把第 2 层最后一圈钢丝绳抬起到第 3 层高度，从 5 位置开始过渡块分上层过渡块和下层过渡块，下层过渡块 b 变大由 $3(d+\varepsilon)/4$ 逐渐变为 $d+\varepsilon$，上层过渡块宽度 b_s 变小由 $3(d+\varepsilon)/4$ 逐渐变为 $(d+\varepsilon)/2$，其任意位置截面图如图 4.23 所示。

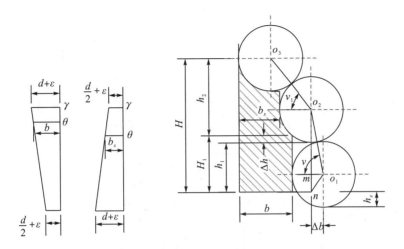

图 4.23 抬起段 B 任意位置截面图

其中各参数计算公式：

$$b = (d+\varepsilon)\left(\frac{1}{2} + \frac{\theta}{2\gamma}\right) \tag{4.25}$$

$$b_s = (d+\varepsilon)\left(1 - \frac{\theta}{2\gamma}\right) \tag{4.26}$$

$$h_2 = d\sin v_1 + \frac{d}{2} - \Delta h \tag{4.27}$$

$$h_1 = d\sin v - \frac{d}{2} + mn = d\sin v - h_s \tag{4.28}$$

$$H_1 = d \cdot \sin\arccos\left(\frac{\theta}{\gamma} - \frac{1}{2}\right) - \frac{d}{2} \cdot \sin\arccos\left(2 - \frac{2\theta}{\gamma}\right) + \frac{d}{2} - h_s \tag{4.29}$$

$$H = d \cdot \sin\arccos\left(\frac{\theta}{\gamma} - \frac{1}{2}\right) + d \cdot \sin\arccos\left(1 - \frac{\theta}{2\gamma}\right) + \frac{d}{2} - h_s \tag{4.30}$$

式中，b 为任意位置过渡块的宽度；H 为任意位置过渡块的总高度；ε 为绳槽间隙；h_s 为绳槽深度；v 为极角(即上下层钢丝绳轴心连线与水平轴线的夹角)；γ 为圈间过渡区对应圆心角弧度(总弧长)；θ 为圈间过渡区任意位置对应圆心角弧度。

(5)圈间过渡段(即 7～11 段，$b = d+\varepsilon$，$0 \leq \theta \leq \eta$)。

第 2～3 层圈间过渡 1～2 段任意位置，此段位于直线段(1～2 层钢丝绳极角 $v=60°$)。现假设直线段对应圆心角为 η，则直线段任意位置的圆心角用 θ 表示，最上层过渡块宽度为 b_t(图 4.24)，则

$$b_t = \left(\frac{d+\varepsilon}{2}\right)\left(\frac{\eta-\theta}{\eta}\right) \tag{4.31}$$

$$b = d + \varepsilon \tag{4.32}$$

$$b_s = (d+\varepsilon)/2 \tag{4.33}$$

$$h_1 = \frac{\sqrt{3}}{2}d - h_s \tag{4.34}$$

$$H_1 = \frac{\sqrt{3}}{2}d - h_s + \frac{d}{2} \tag{4.35}$$

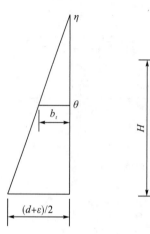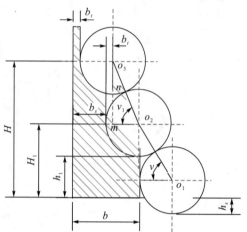

图 4.24 圈间过渡段任意位置截面图

由几何关系及三角函数关系式可得

$$H = \frac{(\sqrt{3}+1)d}{2} - h_s + \sqrt{d^2 - \left[\frac{d}{2} - \left(\frac{d+\varepsilon}{2}\right)\left(\frac{\eta-\theta}{\eta}\right)\right]} \tag{4.36}$$

式中，b 为任意位置过渡块的宽度；H 为任意位置过渡块的总高度；ε 为绳槽间隙；h_s 为绳槽深度；v 为极角(即上下层钢丝绳轴心连线与水平轴线的夹角)；γ 为圈间过渡区对应圆心角弧度(总弧长)；θ 为圈间过渡区任意位置对应圆心角弧度；η 为直线区对应圆心角弧度。

通过以上对 1~2 层和 2~3 层层间过渡装置各位置几何关系的推导分析可得，式(4.2)~式(4.11)为 1~2 层各位置的参数计算式，式(4.12)~式(4.36)为 2~3 层各位置的参数计算式，以上 35 个公式形成一套完整的层间过渡装置的理论计算公式，只要知道钢丝绳直径 d，绳槽深度 h_s，折线区对应圆心角弧度 γ，直线区对应圆心角弧度 η，任意截面位置对应圆心角弧度 θ 这几个参数中的一个或几个就可以用这些公式计算出层间过渡装置任意截面的结构尺寸。按照公式计算出的参数可以绘制出 2~3 层层间过渡装置的三维模型如图 4.25~图 4.28 所示。

图 4.25　2～3 层支撑段加平过渡段(1～3～4 段)层间过渡装置立体图

图 4.26　2～3 层平过渡段(3～4 段)
层间过渡装置立体图

图 4.27　2～3 层抬起段(4～7 段)
层间过渡装置立体图

图 4.28　2～3 层圈间过渡段(9～11 段)层间过渡装置立体图

4.5　两种层间过渡结构层间过渡时加速度的计算

钢丝绳在层间过渡时由于缠绕半径变化会引起钢丝绳的速度变化和加速度变化,继而引起钢丝绳动张力问题。因此层间过渡时的速度变化率和加速度变化率是层间过渡是否平稳的一个重要指标。圈间过渡区的长度决定了钢丝绳在层间过渡时抬起段和圈间过渡段的运动时间，即圈间过渡区越长，钢丝绳在层间过渡时抬起段和圈间过渡段的时间就越长，而层间过渡时的抬升高度是确定的，因此圈间过渡区越长，层间过渡时的速度及加速度和速度变化率及加速度变化率就越小。根据南非标准，圈间过渡区长度为 12 倍钢丝绳直径，而本书研究结果显示圈间过渡区长度约为 15 倍钢丝绳直径。根据本研究的超深矿井样机参数来具体计算层间过渡时的加速度。

样机相关参数如下：提升速度为 18m/s，提升机卷筒直径为 8m，钢丝绳直径 76mm，绳槽节距 81mm。按本书研究提出的平稳缠绕理论来设计的过渡区长度为 15d=1140mm（重庆大学研制，简称"重大研制"）。对于平行折线绳槽，1～2 层过渡，在接触折线区过渡块之前，还会有部分钢丝绳从绳槽底部抬高到绳槽上，如图 4.11 所示 0～a 位置的引导平台，也就是说 1～2 层实际的过渡段长度会大于 1140mm，如图 4.29 所示，p 为绳槽节距。

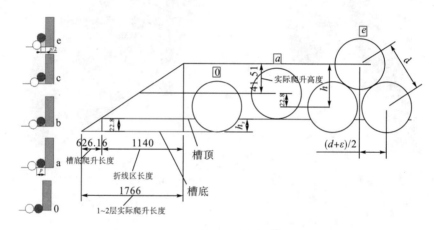

图 4.29　层间过渡爬升高度计算示意图

绳槽的底部深为 0.3d=0.3×76=22.8mm。因此实际上在折线区只爬高了：

$$h_p = \sqrt{d^2 - \left(\frac{d+\varepsilon}{2}\right)^2} - \left(\frac{d}{2} - h_s\right) \tag{4.37}$$

$$R_n = R_d + h, \quad n = 2,3,\cdots \tag{4.38}$$

$$V_n = \omega_d\left(R_d + h\right), \quad n = 2,3,\cdots \tag{4.39}$$

$$a = \frac{dV}{dt} = \frac{V_t - V_0}{\Delta t} \tag{4.40}$$

其中，h_p 为第一层层间过渡爬升高度；h_s 为绳槽深度；h 为第二层层间过渡爬升高度；R_d 为卷筒名义半径（即钢丝绳第一层缠绕半径）；R_n 为第 n 层缠绕半径；V_n 代表第 n 层缠绕速度；n 代表缠绕层数。

经计算，绳槽内（即钢丝绳从绳槽底部爬升至绳槽顶部区域）爬高段长度为 626.16mm。则 1～2 层过渡完毕后，假设主电机的角速度不变，缠绕半径增量由 4m 增大到 4.06431m，速度相应增加为 18.2894m/s。提升机转过过渡区长度的时间为 1.76616/18=0.09812s，则加速度为 0.2894/0.09812=2.94945m/s²。

钢丝绳 2～3 层爬高时，缠绕半径由 4.06431m 增大到 4.12862m，速度相应增加为 18.57879m/s。2～3 层爬高段则更短，因为没有绳槽底部辅助爬高这一段了，即爬高段长度为 1140mm，提升机转过过渡区长度的时间为 1.140/18.2894=0.06233s，则加速度为 0.2894/0.06233=4.6430m/s²。同理可计算出南非标准层间过渡时加速度的值，其结果如表 4.1 所示。

表 4.1　不同结构层间过渡装置的加速度

	提升速度/(m/s)	节距/m	过渡区长度/m	1～2 层加速度/(m/s²)	2～3 层加速度/(m/s²)
重大研制	18	0.081	1.14	2.95	4.64
南非标准	18	0.081	0.912	3.69	5.68

由表 4.1 可知，钢丝绳在重大研制的层间过渡装置上缠绕其层间过渡加速度均比南非标准 Lebus 层间过渡装置小。

4.6　小　　结

为保证钢丝绳层间过渡平稳，不卡绳，不乱绳，在研究分析提升钢丝绳沿卷筒绳槽进行层间过渡运动状态和特征的基础上，本书提出并设计了一种新型缠绕三层的与钢丝绳接触表面为凹状面的层间过渡装置，使钢丝绳在层间过渡时与其均是面接触，可以减小层间过渡装置的局部压力，减少钢丝绳磨损；新的层间过渡装置使钢丝绳层间过渡时始终有支撑，进而消除卡绳的可能。将圈间过渡区长度和绳槽布置型式的研究结果引入到层间过渡装置结构的推导运算中，得到层间过渡装置各部分的参数计算公式。所得主要结论如下：

（1）层间过渡装置各部分的参数计算公式与钢丝绳直径、绳槽深度、绳槽间隙、折线区对应圆心角弧度、直线区对应圆心角弧度、任意截面位置对应圆心角弧度有关。

（2）钢丝绳在重大研制的层间过渡装置上缠绕，其层间过渡加速度均比南非标准 Lebus 层间过渡装置小。

（3）提出并设计的新型层间过渡装置能很好地支撑和引导层间过渡钢丝绳进行换层和换向，能保证钢丝绳缠绕不乱绳，不卡绳，能减少钢丝绳的摩擦磨损。

主要参考文献

[1] Wieschel J E, Hartland W. Spooling drum including stepped flanges[P]. United States Patent: No.4071205,1978-01-31.

[2] Hu Y, Tang J, Hu J Q. Experimental study on mechanical characteristics of the end plates of Lebus drum[J]. Advanced Materials Research, 2013, 619: 347-350.

[3] 胡志辉, 胡吉全. 双折线式卷筒多层卷绕中钢丝绳磨损损伤分析[J]. 武汉理工大学学报(交通科学与工程版), 2011, 35(06): 1289-1292.

[4] Kumaniecka A, Niziol J. Dynamic stability of a rope with slow variability of the parameters[J]. Journal of Sound and Vibration, 1994, 178: 211-226.

[5] Фидровская Н Н, Варченко И С. Multilayer winding rope to drum with method "Steps" [J]. Eastern-European Journal of Enterprise Technologies, 2011, 5(7): 7-10.

[6] 牛岩军. 立井缠绕提升系统钢丝绳卷放运动特性研究[D]. 徐州: 中国矿业大学, 2016.

[7] 杨厚华. 层间过渡时提升钢绳的压力计算[J]. 贵州工业大学学报(自然科学版), 2000(02): 31-35.

[8] 蒋金蓉. 超大型全回转浮吊起升机构钢丝绳多层缠绕方式研究[J]. 科技信息, 2013(09): 165-166.

[9] 李哲. 多层缠绕折线卷筒导向垫块对钢丝绳磨损影响分析[D]. 武汉: 武汉理工大学, 2012.

[10] 胡勇. 双折线式卷筒多层缠绕系统力学分析与试验研究[D]. 武汉: 武汉理工大学, 2013.

[11] 胡志辉, 胡勇, 胡吉全, 等. 双折线式多层卷绕钢丝绳失效机理研究[J]. 中国机械工程, 2013, 24(23): 3195-3199.

[12] 胡志辉, 胡吉全, 胡勇, 等. 多层卷绕钢丝绳疲劳磨损试验装置的研制[J]. 机械科学与技术, 2014, 33(10): 1531-1535.

[13] 利歌. 卷筒挡环的设计[J]. 建筑机械, 2003(03): 41-44.

[14] 利歌. 卷筒绳槽的选择[J]. 水利电力机械, 2001(01): 33-34, 37.

[15] 利歌. 卷筒绳槽的选择[J]. 建筑机械, 2001(01): 42-43, 4.

[16] 胡水根. 卷筒折线绳槽爬台的理论尺寸分析[J]. 建筑机械, 2011(11): 99-101.

[17] 胡水根, 利歌. 钢丝绳卷筒爬台尺寸的分析[J]. 建筑机械, 2005(11): 88-89.

[18] 胡水根, 利歌. 卷筒上钢丝绳爬台的理论尺寸[J]. 建筑机械, 2004(08): 81-82.

[19] 胡水根, 利歌. 折线绳槽卷筒[J]. 起重运输机械, 2001(01): 12-15.

[20] 龚宪生, 谢志江, 杨雪华. 矿井提升机多层缠绕钢丝绳振动控制[J]. 振动工程学报, 1999(04): 24-31.

[21] 张鹏. 超深矿井提升系统钢丝绳多层缠绕关键问题的研究[D]. 重庆: 重庆大学, 2015.

第5章　圈间及层间过渡的实验研究

5.1　引　　言

前几章依次完成了圈间过渡区合理长度的理论研究、两圈间过渡区布局理论研究及层间过渡装置的结构设计等。钢丝绳圈间及层间过渡是否平稳，均可以用缠绕点附近悬绳的横向振动来衡量或评价。悬绳的横向振动幅值是绳槽及层间过渡装置性能优劣的重要评价指标。为了验证绳槽及层间过渡装置相关理论研究的正确性，本章将结合理论研究结果和"多绳多层缠绕式提升机实验平台"，加工四套不同结构的绳槽及层间过渡装置，安装在此实验台上并开展相关实验。采用一种检测钢丝绳横向振动的有效方法，分别检测实验台安装这四套绳槽时悬绳在一个完整提升循环过程中的横向振动，验证本书研究的圈间及层间过渡相关理论的正确性，为超深矿井样机的绳槽及层间过渡装置的设计提供可靠、充分的实验数据和设计、选择依据。

5.2　实　验　目　的

本章实验的目的是验证笔者所研究提出的平行折线绳槽和层间过渡装置是否能保证钢丝绳多层缠绕平稳，进而证明本书相关理论研究的正确性和有效性，最终形成具有自主知识产权的超深矿井提升钢丝绳多层缠绕的绳槽及层间过渡装置的设计理论、方法。实验目的如图 5.1 所示。

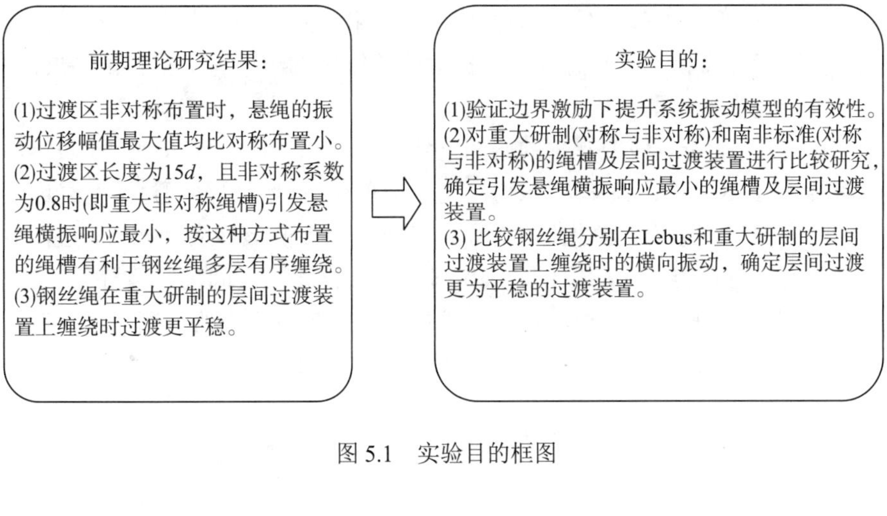

前期理论研究结果：

(1)过渡区非对称布置时，悬绳的振动位移幅值最大值均比对称布置小。
(2)过渡区长度为15d，且非对称系数为0.8时(即重大非对称绳槽)引发悬绳横振响应最小，按这种方式布置的绳槽有利于钢丝绳多层有序缠绕。
(3)钢丝绳在重大研制的层间过渡装置上缠绕时过渡更平稳。

实验目的：

(1)验证边界激励下提升系统振动模型的有效性。
(2)对重大研制(对称与非对称)和南非标准(对称与非对称)的绳槽及层间过渡装置进行比较研究，确定引发悬绳横振响应最小的绳槽及层间过渡装置。
(3) 比较钢丝绳分别在Lebus和重大研制的层间过渡装置上缠绕时的横向振动，确定层间过渡更为平稳的过渡装置。

图 5.1　实验目的框图

5.3　实　验　设　计

研究对象是超深矿井多层缠绕卷筒上安装的绳槽及层间过渡装置。目前,国外多层缠绕卷筒上安装的绳槽一般是对称双过渡的 Lebus 绳槽,且过渡区长度为 $12d$,但也有资料显示多层缠绕卷筒上安装使用有非对称双过渡平行折线绳槽。根据第 3 章的理论研究,过渡区长度为 $15d$,两圈间过渡区非对称布置且非对称系数取 0.8 较好;层间过渡装置也有多种不同结构,在第 4 章分析了 Lebus 层间过渡装置的优缺点,同时研究提出了新的层间过渡装置结构及其参数计算公式。

根据实验目的和已有条件,绘制和加工四套不同结构的绳槽及层间过渡装置,分别是:

(1)南非标准非对称绳槽,其中绳槽圈间过渡区长度为 $s=12d$,非对称系数 $\kappa=0.8$,层间过渡装置结构为第 4 章分析的 Lebus 过渡装置。

(2)南非标准对称绳槽,其中绳槽圈间过渡区长度为 $s=12d$,非对称系数 $\kappa=1$,层间过渡装置结构为第 4 章分析的 Lebus 过渡装置。

(3)本书(重大)研究设计非对称绳槽,其中绳槽圈间过渡区长度为 $s=15d$,非对称系数 $\kappa=0.8$,层间过渡装置结构为第 4 章研究提出公式设计。

(4)本书(重大)研究设计对称绳槽,其中绳槽圈间过渡区长度为 $s=15d$,非对称系数 $\kappa=1$,层间过渡装置结构为第 4 章研究提出公式设计。

因本书(重大)研究提出设计的绳槽过渡区长度均为 $s=15d$,南非标准的绳槽过渡区长度均为 $s=12d$,为了使表达简便,本书后面将绳槽名称统一简称为:南非对称(其中 $s=12d$,$\kappa=1$),南非非对称(其中 $s=12d$,$\kappa=0.8$),重大对称(其中 $s=15d$,$\kappa=1$)和重大非对称(其中 $s=15d$,$\kappa=0.8$)。

钢丝绳圈间、层间过渡是否平稳,圈间过渡区激励引起提升系统的振动响应的大小,都可以用缠绕点附近悬绳的横向振动来衡量和评价。悬绳横向振动的大小是绳槽及层间过渡装置性能优劣的重要衡量指标。因此,本章将以悬绳的横向振动为主要检测内容,在实验台上分别安装上述四套绳槽,开展以下实验:

实验(1):验证第 3 章基于悬绳横振特性的两圈间过渡区布局理论。比较两种圈间过渡区(对称与非对称)布置下引起悬绳横向振动的数值仿真结果与实验测试结果,进而验证"边界激励下悬绳横振模型"的有效性。

实验(2):验证第 4 章研究提出的层间过渡装置结构设计的优越性。比较钢丝绳在两种层间过渡装置(Lebus 设计和重大设计)上过渡时的平稳性,以层间过渡时悬绳固定点处沿卷筒直径方向振动位移为检测指标,分别比较当实验台安装四套绳槽时,层间过渡时悬绳固定点处沿卷筒直径方向振动位移,确定过渡更为平稳的层间过渡装置。

实验(3):四套绳槽综合比较,确定引发悬绳横振响应最小的绳槽及层间过渡装置,进而确定更有利于钢丝绳多层有序缠绕的绳槽及层间过渡装置。

5.4 实验装置及相关参数、测试方法的确定

5.4.1 样机参数

为实现地球深部资源的有效开发，本研究提出在超深（井深>1500m）、高速（速度>18m/s）、重载（有效载荷≥50t）的提升要求下，采用多层缠绕、多点提升组合拓扑结构作为超深井提升装备的有效型式，其结构如图 5.2 所示。左右卷筒通过联轴器连接，左卷筒下出绳，右卷筒上出绳，每个卷筒有两个缠绳区，每个罐笼（负载）由两根钢丝绳提升，这样大大降低了单根钢丝绳张力，而且钢丝绳直径不会过大。

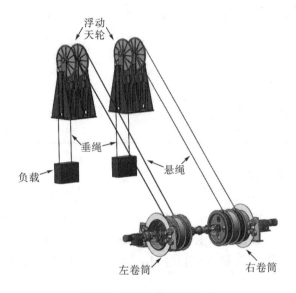

图 5.2 超深井提升装备图

现根据样机相关参数计算、选择钢丝绳型号。因为提升容器自重 30t，则最大静载荷为 80t，单根钢丝绳提升的载荷为 40t。选用中国国内标准《重要用途钢丝绳》（GB 8918—2006）中的 6×41 WS+FC 类，根据《煤矿安全规程》（2016）第四百零八条表 9 的规定，矿用钢丝绳专为升降物料时，其安全系数应大于 6.5，则

$$F_{rmin} = S \times Q = 6.5 \times 4 \times 10^4 \times 9.8 / 10^3 = 2.548 \times 10^3 \text{kN} \tag{5.1}$$

式中，F_{rmin} 为钢丝绳的最小破断力；Q 为最大静载荷；S 为安全系数。

结合破断力的计算结果和实际情况，钢丝绳直径取 76mm。根据《矿用钢丝绳技术参数》，钢丝绳线密度为 21.4kg/m，钢丝绳公称抗拉强度为 1770MPa，卷筒直径取 8m，因此卷筒与钢丝绳的绳径比 D/d=105>80，符合《煤矿安全规程》（2016）的相关规定。样机相关参数如表 5.1 所示。

表 5.1   多层缠绕式提升机样机参数表

提升机系统参数	数值
卷筒直径 D/m	8
钢丝绳直径 d/m	0.076
抗拉强度/MPa	1770
安全系数 S	6.518
容器自重/t	30
有效载荷/t	50
单根钢丝提升载荷/t	40
提升高度 H/m	1500
提升速度 V/(m/s)	18
电机转速/(r/min)	43
初算电机功率/kW	13500×2
钢丝绳线密度 ρ/(kg/m)	21.4
绳径比 D/d	105
缠绕层数 n	3
系统最大静张力/kN	2040
系统最大静张力差/kN	1550

5.4.2 实验台的总体结构

从样机参数可以看出其结构庞大，若完全按照实际尺寸搭建实验台是不现实的。本研究结合各课题组的实验要求，参照图 5.2 的结构型式，在中信重工"国家安全生产洛阳矿山机械检测检验中心"按"样机：实验台=10：1"的几何相似比搭建了"多绳多层缠绕式提升机实验平台"，如图 5.3 所示。

图 5.3   实验台布置图

左右两个卷筒通过万向联轴器连接，每个卷筒有两个缠绳区，每个缠绳区有一根钢丝绳，即左右卷筒各有两根钢丝绳提升一个罐笼(负载)。左卷筒下出绳，右卷筒上出绳，左右两个卷筒各有一个电机通过主控台同时带动两个卷筒同步旋转,因左右两个卷筒出绳方式不一样,所以当两个卷筒同向旋转时,一个卷筒放绳(罐笼下放),一个卷筒收绳(罐笼提升)。实验台其他主要参数及整体布置情况见图5.4和表5.2。

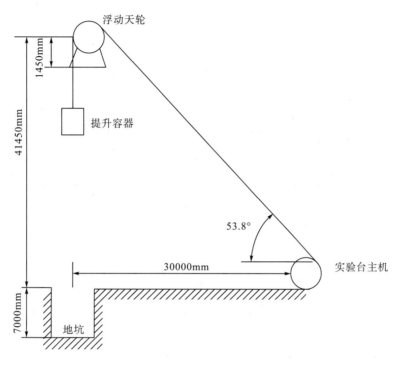

图 5.4　实验台布置示意图

表 5.2　实验台其他参数表

参数	值
主轴装置两挡绳板之间宽度/mm	634
主轴装置个数	2
最大提升高度/m	43
浮动天轮名义直径/mm	800
两卷筒之间夹角/(°)	1.5
绳偏角/(°)	0.14
钢丝绳仰角/(°)	53.8

　　根据研究要求:①实验需要钢丝绳能缠绕到第三层,而根据实际情况井架只能建到41m,根据此情况设计绳槽相关参数;②实验台卷筒上的绳槽和层间过渡装置必须便于拆装、更换;③为了为将来超深矿井提升样机的设计制作提供可靠依据,实验台的相关结构、参数需和样机保持相似性或一致性。样机与实验台相关参数对比如表5.3所示。

表5.3　样机与实验台参数对比

	样机	实验台
卷筒直径 D/mm	8000	800
缠绳宽度 B/mm	2400	130
绳径比 D/d	105	80
钢丝绳直径 d/mm	76	10
钢丝绳安全系数 S	≥6.5(6.523)	≥6.5(6.85)
有效载荷/t	30	1.5
容积自重/t	50	1z
单根钢丝绳提升载荷/t	40	1.25
系统最大静张力/kN	2040	25
系统最大静张力差/kN	1550	16
提升速度 V/(m/s)	18	1.8
初算电机功率/kW	13500×2	75×2

5.4.3　绳槽相关参数计算及制作

1. 绳槽缠绳宽度的确定

实验台井架有效高度40m，地面以下基础坑深7m，总高度为47m。提升容器设计有效高度为650mm，总高度在1000mm以内。根据《煤矿安全规程》(2016)要求，提升速度小于3m/s时，过卷高度、过放距离均为4m；鉴于该提升装置仅用于实验，且提升速度较低，过卷高度和过放高度均取1.5m。所以实际有效提升高度：

$$H=47-1.5-1.5-1=43m \tag{5.2}$$

根据有效提升高度计算，大约能在卷筒上缠16圈。为了满足三层缠绕实验要求，第一层共有钢丝绳绳圈12圈，其中在提升过程中不动的摩擦圈为10圈，缠绕2圈，开始向第二层过渡；第二层缠满大约12圈，开始向第三层过渡；第三层缠绕大约2圈。卷筒每个有效容绳区宽度为130mm。

2. 钢丝绳长度的确定

钢丝绳选取抗拉强度为1770MPa，天然纤维芯，直径10mm，最小破断力为63.7kN，则安全系数为

$$S=\frac{F_{rmin}\times1000\times n}{Q\times1000\times9.8}=\frac{63.7\times1000\times2}{1.25\times1000\times9.8}=10.4 \tag{5.3}$$

式中，F_{rmin} 为钢丝绳的最小破断力；Q 为最大静载荷；S 为安全系数。因此所选钢丝绳符合《煤矿安全规程》(2016)的要求。

所需单根钢丝绳长度的计算：假设此时罐笼下放到井底，则卷筒上钢丝绳长度为10圈摩擦圈的长度加上固定绳头的长度，约27m。卷筒到提升容器钢丝绳长度为：悬绳长度(51m)+垂绳长度(41m)=92m。停车点有可能位于地坪之下，容器存在高度，钢丝绳需要在容器上方折回做一个绳卡(7m)，所以，单根绳长为27+92+7=126m，预计每根钢丝绳

126m 是合适的。

3. 绳槽制作的基本要求

根据"多绳多层缠绕式提升机实验平台"结构特点,有左右两个卷筒,每个卷筒有两个缠绳区,如图 5.5 所示。为了方便固定绳头,两个缠绳区的出绳口应都在外侧,即每个卷筒的两个缠绳区绳槽的出绳方式为:左缠绳区左出绳,右缠绳区右出绳。所以实验台的钢丝绳排绳方向如图 5.6 所示,即提升循环时,因有 10 圈左右的摩擦圈,左钢丝绳和右钢丝绳同时向中间运动,分别到达内侧的挡绳板后,再同时向外侧运动,分别到达各自外侧的挡绳板后,缠到第三层再同时向内侧运动;下放循环是左钢丝绳和右钢丝绳同时向外侧运动一圈左右分别到达各自外侧挡绳板,然后再同时向内侧运动,分别到达各自的内侧挡绳板,再同时向外运动。

图 5.5　卷筒缠绳区布置图

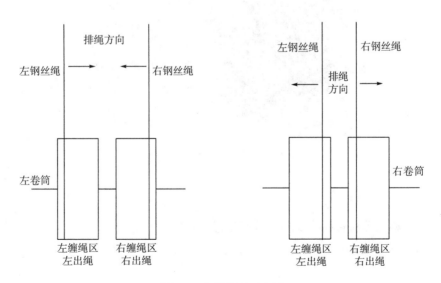

图 5.6　绳槽排绳示意图

为了实现以上的排绳运动方向,左右两个缠绳区的平行折线绳槽的折线部分的旋向必须为左缠绳区的绳槽是左旋绳槽,右缠绳区的绳槽是右旋绳槽。根据以上分析,每一种结构的绳槽及层间过渡装置应加工制作两副左旋左出绳,两副右旋右出绳的绳槽及层间过渡装置。

综上所述,根据"多绳多层缠绕式提升机实验平台"结构特点,与之配套的绳槽的基本要求为:

(1)两个卷筒四个缠绳区,每个卷筒两个缠绳区且一副为左旋绳槽,另一副为右旋绳槽;绳槽的出绳方式为:左旋绳槽是左出绳,右旋绳槽是右出绳,左卷筒的两副绳槽为下出绳,右卷筒的两副绳槽为上出绳。

(2)为了便于拆换绳槽,绳槽应做成两瓣式,用螺栓安装于卷筒表面,两瓣之间有接缝。挡绳板两端设有长圆形螺栓孔,这样可满足较大宽度范围的绳槽,大大增加了绳槽的互换性,如图5.7所示。绳槽及层间过渡装置的材质为Q235A,也可以采用尼龙。层间过渡装置可以采用焊接或者螺栓固定的方式固定在卷筒上。绳槽表面粗糙度要求为低于6.3。

(3)绳槽圈数为12圈,需要有辅助挡绳板。所需钢丝绳根数为4根,每根长度约为130m。

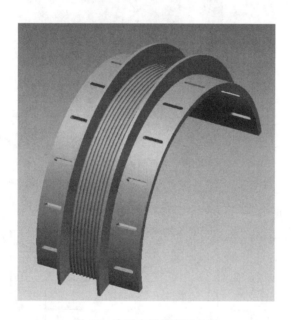

图5.7 实验台绳槽套示意图

4. 绳槽制作

1)南非对称与非对称绳槽及层间过渡装置的制作

根据南非标准[1]和实验台参数,画出绳槽零件图等,如图5.8所示。

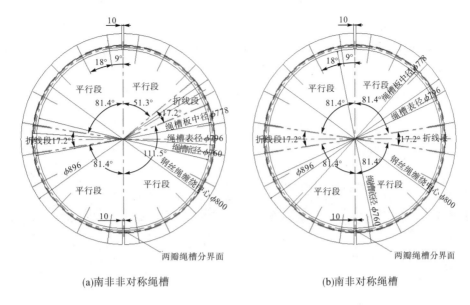

(a)南非非对称绳槽　　　　　　　　　　　　(b)南非对称绳槽

图 5.8　南非标准对称与非对称绳槽布置示意图

为了便于拆装,绳槽做成了两瓣式,与之配套的层间过渡装置也相应地分成 4 块制作,1～2 层和 2～3 层层间过渡装置展开后的长度均是 1 个直线区长度加 1.5 个折线区长度,两侧辅助挡环展开长度为 1 个直线区长度加 0.5 个折线区长度。加工好的非对称与对称绳槽的实物图如图 5.9 和图 5.10 所示。

图 5.9　南非标准非对称绳槽实物图

图 5.10　南非标准对称绳槽实物图

2)重大对称与非对称绳槽及层间过渡装置的制作

根据第 3 章对圈间过渡区长度研究的理论推导所得公式,代入实验台的相关参数计算后，画出绳槽零件图等，如图 5.11 所示。层间过渡装置结构按第 4 章理论推导及其公式设计。为保证绳槽的互换性，绳槽的表径、中径、底径及绳槽上螺栓孔等参数设计与南非标准绳槽相同。

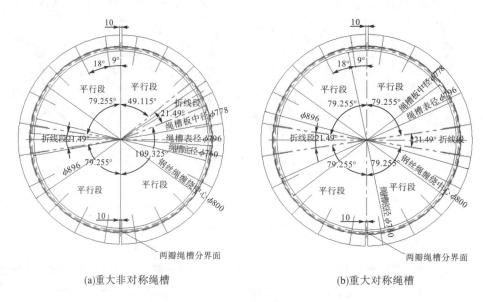

(a)重大非对称绳槽　　　　　　　　　　(b)重大对称绳槽

图 5.11　重大设计非对称与对称绳槽布置图

为了便于拆装，绳槽也做成了两瓣式，与之配套的层间过渡装置也相应地分成 7 块加工，1～2 层层间过渡装置展开后的长度是 1 个直线区长度加 2 个折线区长度，辅助挡环展开长度为 1 个直线区长度，2～3 层层间过渡装置展开后的长度是 2 个直线区长度加 2 个折线区长度，所以在这一侧不需要有辅助挡环。其余的部分制作、安装与南非标准绳槽相同。按照重大设计加工的非对称与对称绳槽的实物图如图 5.12 和图 5.13 所示。

图 5.12　重大非对称绳槽实物图

图 5.13　重大对称绳槽实物图

5.4.4　数据采集及图像处理

缠绕式提升钢丝绳圈间及层间过渡的平稳性是衡量绳槽及层间过渡装置性能优劣的评价标准，而缠绕式提升系统悬绳的横向振动是钢丝绳多层缠绕有序排绳和工程安全的主要评价指标，因此将提升系统悬绳的横向振动作为本实验的主要检测内容。

对于钢丝绳振动的实验研究，摩擦式提升机和电梯多用加速度计来进行测量[2-6]。针对缠绕式提升机悬绳的横向振动的测量，做的研究还较少。文献[7]开展了基于机器视觉技术的落地摩擦提升悬绳的横向振动测量，但文中提到的方法并不完全适用于测量缠绕式提升悬绳的横向振动，因为文中测量的落地摩擦式提升机的悬绳没有排绳和换层运动，而缠绕式矿井提升机钢丝绳在多层缠绕时悬绳在绳槽的引导下会发生沿卷筒轴线方向的排绳运动和在层间过渡装置的作用下沿卷筒径向的换层运动，如图 5.14 所示。

因此用传统接触式或非接触式传感器不宜测量缠绕式提升钢丝绳悬绳的横向振动，而基于机器视觉的非接触式的传感器检测振动，具有不与被测物接触、测量范围宽、不改变被测物的振动特性等优点。因此，本研究将基于文献[7]的测量原理，改进其图像处理方法，用高速工业相机来检测悬绳的横向振动。

1. 悬绳横振测量传感器的确定

本研究检测悬绳的横向振动选用高分辨率的 IX-Cameras I-Speed 211 型高速工业相机测量，4G 内存，1280×1024 像素，如图 5.15 所示，具有以下优点：①可以远距离地非接触式测量；②安装方便，只需一个带云台的普通相机三脚架；③测量精度高，测量精度可达 10^{-2}mm；④相机自带 Control 2 Series 控制软件可对拍摄图像的大小、像素等重新设定，可适当地延长拍摄时间，并可方便地导出拍摄图像。经计算，悬绳横振的前三阶固有频率的最大值为 5.007Hz，所以设置采样频率为 60Hz，即 1 秒拍摄 60 张相片，经计算可以拍摄一个完整的提升/下放循环。

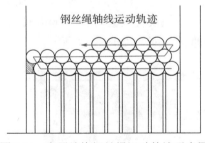

图 5.14　多层缠绕钢丝绳运动轨迹示意图

图 5.15　IX-Cameras I-Speed 211 型高速工业相机

2. 数据采集系统的确定和安装

由于实验场地景物较多，所以拍摄的悬绳的照片中钢丝绳会和背后的景物混在一起，会给后续图像处理带来很大的难度，必须想办法把钢丝绳背后杂乱的背景挡住，故需要制作背景板。因要测悬绳两个方向的横向振动，要求背景板要和钢丝绳悬绳平行，所以背景板必须是可调角度的，根据以上要求，设计背景板结构如图 5.16 所示。

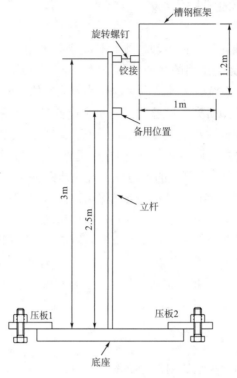

图 5.16　背景板结构示意图

　　把相机放在钢丝绳悬绳的正下方，背景板置于钢丝绳之上并与两钢丝绳所在平面平行，然后调节三脚架云台使相机与钢丝绳垂直，通过控制软件调节视窗，使视窗内仅有黑色的钢丝绳和白色的背景板，方便以后图像二值化处理，可测量钢丝绳沿卷筒轴线方向的横向振动（即 w 方向），如图 5.17 所示。把相机放在钢丝绳的侧面，调节三脚架使相机与被测点同高，调节三脚架云台使视场内的钢丝绳处于竖直状态，把背景板置于两钢丝绳的中间并使其与地面垂直并与钢丝绳平行，通过控制软件调节视窗并使视窗内仅有黑色的钢丝绳和白色的背景板，这样就可以测量钢丝绳沿卷筒直径方向的振动（即 u 方向），如图 5.18 所示。

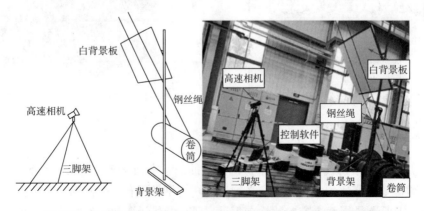

图 5.17　悬绳沿卷筒轴线方向振动的视觉图像采集示意图和现场图

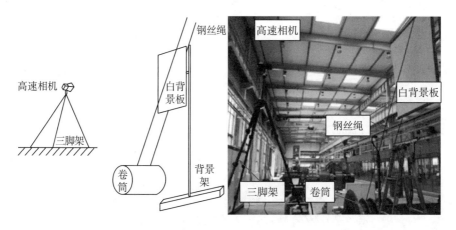

图 5.18　悬绳沿卷筒直径方向振动的视觉图像采集示意图和现场图

　　视觉图像采集系统由背景板、高速相机、同步触发器和高速相机控制软件构成。将同步触发器与两相机相连，触发器可选择保存区间，即照片存储的起点位置。高速相机通过网线与控制软件相连，在拍摄结束后通过网线将采集到的图片传输到存储设备中。将两块背景板相互垂直布置，两台高速相机也在两相互垂直方向布置，并用同步触发器相连，如图 5.19 和图 5.20 所示，即可同时记录悬绳固定点处 u 向和 w 向两个方向的振动。其控制软件界面如图 5.21 所示。

图 5.19　悬绳横向振动的视觉图像采集现场图

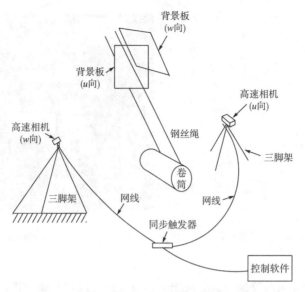

图 5.20　悬绳横向振动的视觉图像采集示意图

(a)比例尺界面截图

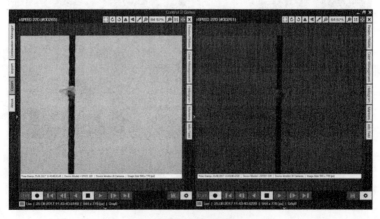

(b)测量点界面截图

图 5.21　控制软件界面截图

3. 测量与图像处理

检测悬绳固定点处沿卷筒直径方向的振动 (u 向振动) 时，需要把相机架设得与被测点同高。根据现场实际情况，被测点不宜离卷筒太远，选择距离钢丝绳与卷筒的切点 2500mm 处作为测量点。标记测量点，调整焦距使图像清晰，调整相机三脚架及相机云台使背景板、钢丝绳在相机视场范围内，并使钢丝绳在控制软件的视场中呈竖直位置，否则处理图像时还需校正 x, y 方向的分量。使标记点在视场中间部位，拍摄一张照片作为初始位置比例尺的参考照片，此后相机的位置不可移动，如图 5.22 所示。

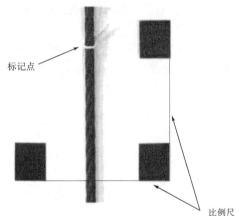

标记点

比例尺

Time Stamp:31.03.2017 13:00:05,4568|Trigger Offset:0.0[ms]|Frame Index:129|
Device Model:i-SPEED 211|Device Vendor:iX cameras|Frame Rate:60[fps]|
Quad Mode:False|Image Size:672×416[px]

(a)比例尺相片

Time Stamp:24.03.2017 13:56:30,7254|Trigger Offset:-33.3[ms]|Frame Index:92|
Device Model:i-SPEED 211|Device Vendor:iX cameras|Frame Rate:60[fps]|
Quad Mode:False|Image Size:784×614[px]

(b)被测点相片

图 5.22　比例尺相片与被测点相片

对拍摄的每一帧图像二值化，即钢丝绳为 1，白背景板为 0，找到被测点所在位置，取被测点所在的几行像素，如图 5.23 所示。

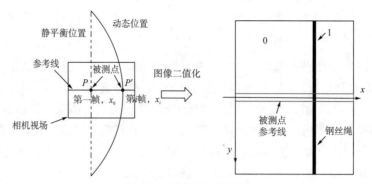

图 5.23　图像处理原理图

视频当中任意一帧图像上标记点的振动位移就是求标记点在 t 时刻偏离静平衡位置的距离。假设静平衡位置被测点为 P，此时的初始位移为 x_0，动态变形位置被测点为 P'，此时的振动位移为 x_i，则在 t 时刻(第 i 帧)标记点的相对振动位移 x_i' 可表示为

$$x_i' = x_i - x_0 \tag{5.4}$$

其中，

$$\begin{cases} x_0 = \lambda s_0 / A_0 \\ x_i = \lambda s_i / A_i \\ t = i / f_c \end{cases} \tag{5.5}$$

式中，λ 为比例因子，即实际距离与像素距离的比值；i 为照片帧数序号；f_c 为采样频率；s_0 为 0 时刻对 y 轴的静矩之和；s_i 为 i 时刻参考线内所有点对 y 轴的静矩之和；A_i 为 i 时刻参考线内所有点之和。以后拍摄的每张照片都这样处理，就可以得到标记点在对应方向的振动位移。

当提升速度不一样时，一个提升或下降循环所拍摄的照片的数量也不同，例如提升速度是 1.0m/s 时，在安装南非非对称绳槽的卷筒上缠绕的钢丝绳一个提升循环约拍摄 2700 张照片，而当提升速度是 1.8m/s 时，拍摄了约 1687 张照片。这些照片根据当时拍摄时设定的像素比例尺和图像处理原理在 MATLAB 中编制程序，初次处理结果如图 5.24 和图 5.25 所示。

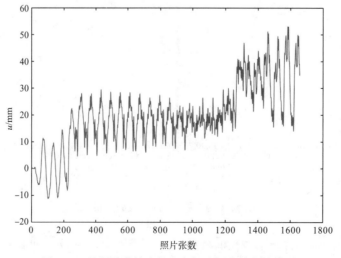

图 5.24　悬绳沿卷筒直径方向振动初次处理结果图

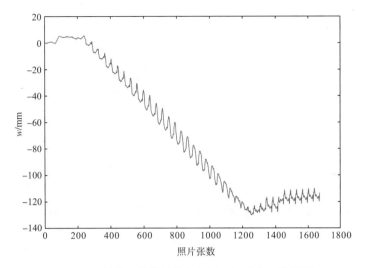

图 5.25　悬绳沿卷筒轴线方向振动初次处理结果图

由图 5.24 可清晰地看出，大约在第 220 张照片开始第 1~2 层层间过渡，1260 张照片左右开始第 2~3 层层间过渡。由图 5.25 可清晰地看出，大约在第 220~1260 张照片之间可以数出 26 个波峰（第二层钢丝绳缠 13 圈，每圈过渡 2 次）。因此可判断实验数据是合理的，但是在做具体的理论与实验比较时，还需根据实际情况编制程序对实验数据进行二次处理。

5.5　两圈间过渡区布局理论的实验验证

根据第 3 章的理论研究结果，不同的绳槽型式会在缠绕点形成不同的边界激励，因此提升系统会有不同的振动响应。本节的实验目的是：验证第 3 章两圈间过渡区布置位置的理论，即在不同型式绳槽形成的边界激励下悬绳横振的振动模型是否正确有效。

1. 实验方案

取南非非对称绳槽和重大对称绳槽来验证"边界激励下悬绳横振的振动模型"的有效性（图 5.26）。

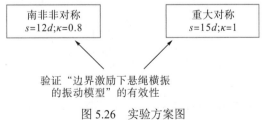

图 5.26　实验方案图

2. 实验过程

实验在"国家安全生产洛阳矿山机械检测检验中心"的"多绳多层缠绕式提升机实

验平台"进行,实验台基本参数如表 5.4 所示。

表 5.4　实验台参数表

提升系统参数	值
悬绳长度 l_s/m	50.8
垂绳长度 l_v/m	39
提升速度 V/(m/s)	1.8
加速度 a/(m/s²)	0.5
钢丝绳弹性模量 E/(N/m²)	1.1×10^{11}
钢丝绳线密度 ρ/(kg/m)	0.41
负载 M_c/kg	2500
卷筒半径 R_d/m	0.4
钢丝绳直径 d/mm	10
过渡区弧长 s	12d & 15d
钢丝绳横振阻尼系数 c_w	0.02
非对称系数 κ	1 & 0.8
缠绕层数 n	3

由于实验台罐笼处安装了测试装备导致提升高度减小,再加上控制系统等原因,钢丝绳在第一层只能缠约 1.5 圈(其中摩擦圈约 11.5 圈),第二层缠 13 圈,第三层缠 1 圈左右。对悬绳固定点的横向振动用高速相机进行检测,测量点为距离钢丝绳与卷筒的切点 2500mm 处。实验台按照 1.8m/s 速度的实际运行曲线如图 5.27 所示。

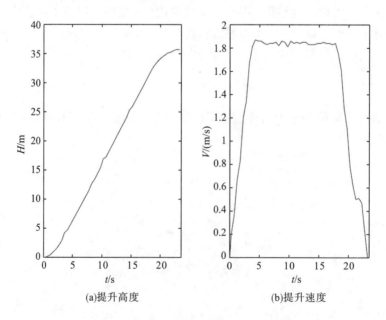

(a)提升高度　　　　　　　　　　(b)提升速度

图 5.27　实验台提升系统运行状态曲线

　　实验过程：首先调整好背景板位置；其次对测量点标记；然后架设相机，调整云台使视窗里的钢丝绳处于竖直状态，设置分辨率、采样频率并确定所拍照片大小，通过控制软件调整视窗内的钢丝绳位置并拍摄比例尺图片；最后开始记录提升循环整个过程。

　　3. 边界激励下悬绳横振的振动模型数值仿真与实验验证

　　本节将实验台参数(表 5.4 所示)代入第 3 章得到的激励函数即式(3.115)～式(3.118)，和提升系统微分方程即式(3.132)进行编程求解，并将实验台的实验结果与数值仿真对比，验证第 3 章理论模型的有效性。

　　本节取南非非对称和重大对称绳槽作为本节实验的验证绳槽，南非非对称绳槽参数为：非对称系数 $\kappa = 0.8$，过渡区圆心角对应弧度 $\gamma = 0.3\,\text{rad}$，重大对称绳槽参数为：非对称系数 $\kappa = 1$，过渡区圆心角对应弧度 $\gamma = 0.375\,\text{rad}$。根据第 3 章公式(3.115)～式(3.118)，钢丝绳在两种不同型式绳槽缠绕一周形成的位移函数如图 5.28 所示，其中，u_0, w_0 为由过渡区几何形状决定的周期函数。

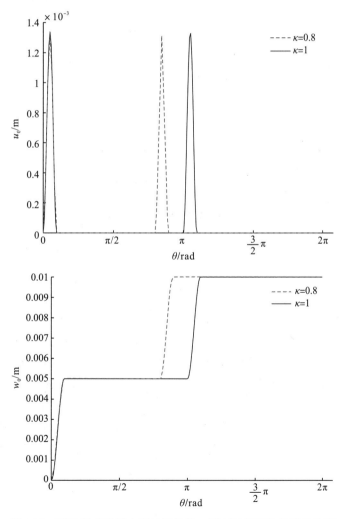

图 5.28　两种型式绳槽上钢丝绳转动一周在过渡区的位移函数图

　　将第 3 章所建的振动模型代入表 5.4 所示的实验台参数，并编程求解悬绳的 1/10 处（即距离缠绕点 2500mm 处）横向振动位移响应，其数值仿真结果与实验数据处理结果如图 5.29、图 5.30 所示。

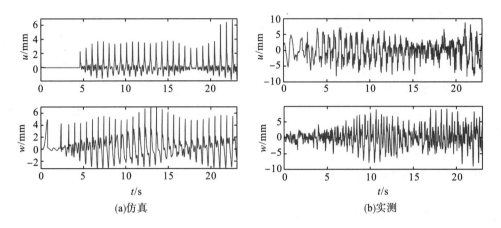

图 5.29　重大对称绳槽激励下悬绳横振仿真与实测曲线

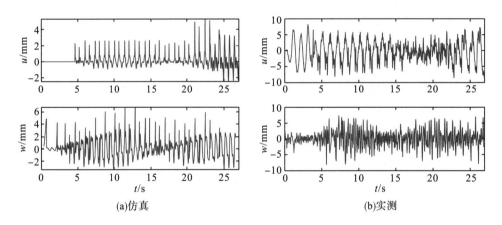

图 5.30　南非非对称绳槽激励下悬绳横振仿真与实测曲线

　　图 5.29(a) 和图 5.30(a) 为重大对称和南非非对称绳槽激励下悬绳固定点处横振响应的数值仿真结果，在前 4s 沿卷筒直径方向振动响应（即 u 向）为零，是因为在仿真时认为钢丝绳在第一层的两圈缠绕半径没变化，即沿卷筒直径方向的激励为 0，所以此时悬绳横振沿卷筒直径方向的振动响应（即 u 向）也为 0，但是数值仿真时是人为地把横向振动响应分成了沿卷筒直径方向和沿卷筒轴线方向（即 u 向和 w 向）两个方向，且忽略了垂绳的纵振。图 5.29(b) 和图 5.30(b) 的实验测试结果显示前 4s 的振动响应不为 0，这是因为在实际提升循环中，当钢丝绳提升一个重物时，提升开始的加速运动会使钢丝绳变长然后再收缩继而引起钢丝绳纵振，悬绳较长由于重力会有下垂，钢丝绳的纵振传递过来时会引发悬绳的横振，因此实测结果前 4s 与仿真结果不同。

　　对比两种绳槽激励（对称与非对称）下悬绳横振的实验与仿真结果发现：数值仿真与实

测曲线振动波形变化趋势非常接近，仿真结果略滞后于实验结果，这是因为仿真时第 1
层是按缠 2 圈计算的，而在实验台实验时，由于控制系统等原因，第 1 层实际缠了 1 圈多
一点。实验结果大于仿真结果，悬绳横振振幅最大值的仿真结果与实验结果的误差最大为
38.66%，最小为 14.82%，如表 5.5 所示。造成误差的可能原因：首先理论推导的边界激励
是按照绳槽结构型式求得，而实验台还有可能因卷筒的不圆度误差，负载两钢丝绳出现张
力差等产生激励；其次仿真时忽略了自然风及横、纵振耦合等现实情况。

表 5.5　不同绳槽激励下悬绳横振的最大值

非对称系数	方向	实验值/mm	仿真值/mm	误差/%
$\kappa=0.8$	u	8.775	5.383	38.66
	w	8.187	6.744	17.63
$\kappa=1$	u	8.790	6.825	22.35
	w	8.270	7.044	14.82

接下来将从振动频率的角度来分析理论仿真与实验结果。本研究将悬绳固定点处振动
响应的数值仿真结果经傅里叶变换后得到其振动频率，然后将其再与实验测试的悬绳振动
信号的频率相比较。图 5.31、图 5.32 分别为将卷筒安装南非非对称绳槽时悬绳沿卷筒直
径方向(u 向)、沿卷筒轴线方向(w 向)振动响应的数值仿真结果进行傅里叶变换得到的频
谱图，数值仿真前三阶振动响应频率均为：f_1=1.444Hz，f_2=2.926Hz，f_3=4.592Hz。

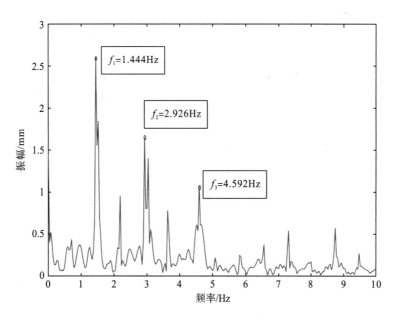

图 5.31　南非非对称绳槽悬绳 u 向振动频谱图(仿真)

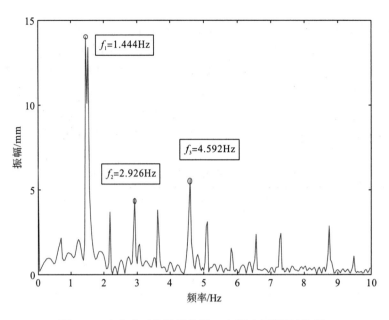

图 5.32　南非非对称绳槽悬绳 w 向振动频谱图(仿真)

　　将实验测得的卷筒安装南非非对称绳槽时悬绳沿卷筒直径方向(u 向)、沿卷筒轴线方向(w 向)振动响应的实验数据进行滤波处理,消除噪声干扰,提取振动频率,并经过傅里叶变换得到悬绳振动的频谱图,如图 5.33、图 5.34 所示,可得悬绳沿卷筒直径方向(u 向)振动的前三阶频率分别为 $f_1=1.582$Hz, $f_2=3.164$Hz, $f_3=4.746$Hz,悬绳沿卷筒轴线方向振动(w 向)的前三阶频率分别为 $f_1=1.582$Hz, $f_2=3.047$Hz, $f_3=4.746$Hz,实测频率与仿真计算的误差最大为 8.72%。

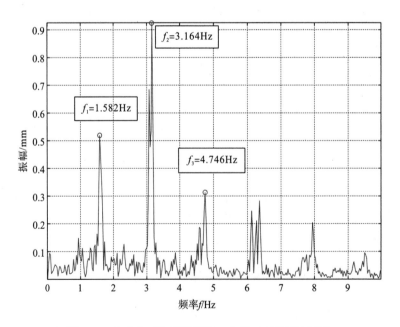

图 5.33　南非非对称绳槽悬绳 u 向振动频谱图(实测)

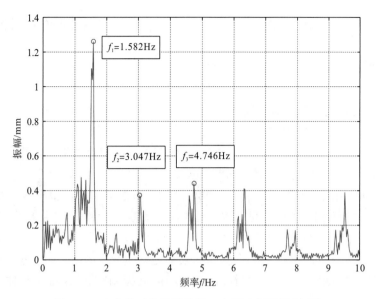

图 5.34　南非非对称绳槽悬绳 w 向振动频谱图（实测）

综上所述，说明边界激励下悬绳横振模型和数值计算方法是可靠的。

5.6　层间过渡平稳性的实验验证

5.6.1　实验设计

在第 4 章中针对 Lebus 层间过渡装置的优缺点，提出并设计出新的适合超深矿井提升的层间过渡装置，推导出层间过渡装置各部分的参数计算公式，并绘制加工出两套绳槽，即重大对称与重大非对称绳槽。

因提升钢丝绳与卷筒切点处的加速度、振动检测困难，故提出将缠绕点附近的悬绳的横向振动作为判别钢丝绳层间过渡平稳的指标。本研究将两圈间过渡区同为对称布置时，钢丝绳在 Lebus 层间过渡装置与重大设计的过渡装置层间过渡时引起悬绳固定点处（距离缠绕点 2500mm）沿卷筒直径方向的振动（u 向振动）进行对比；将两圈间过渡区同为非对称布置时，钢丝绳在 Lebus 与重大设计的过渡装置层间过渡时引起悬绳沿卷筒直径方向的振动（u 向振动）进行对比，进而证明钢丝绳在第 4 章设计的层间过渡装置上过渡更平稳（图 5.35）。

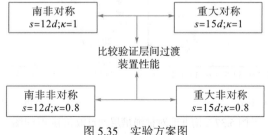

图 5.35　实验方案图

因为本节的实验对象、测量内容及图像采集处理过程和第一个实验相同,故不重复介绍。

5.6.2 实验结果与讨论

实验台分别安装四套绳槽,按 1.8m/s 的速度进行一个完整的提升循环,测量钢丝绳层间过渡时悬绳固定点处(距离缠绕点 2500mm)沿卷筒直径方向的振动(u 向振动)。按照本书提出的检测和图像处理方法,得到四套绳槽在悬绳固定点处沿卷筒直径方向的振动(u 向振动)。四套绳槽钢丝绳缠绕情况分析如图 5.36~图 5.43 所示。

图 5.36 中椭圆圈出的即是 1~2 层和 2~3 层层间过渡位置。根据图 5.36 可知,钢丝绳大约在 3.7s 时开始 1~2 层层间过渡,大约在 21.02s 时开始 2~3 层层间过渡。对于左、右卷筒来说,相机与钢丝绳的相对位置不一样,所以即使都是提升循环,测量左卷筒绳槽钢丝绳沿卷筒直径方向振动(u 向振动)的结果都是整体朝上的,如图 5.36 和图 5.40 所示,而测量右卷筒绳槽钢丝绳沿卷筒直径方向振动(u 向振动)的结果都是整体朝下的,如图5.38 和图 5.42 所示。

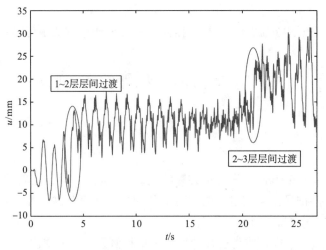

图 5.36 南非非对称绳槽激励下悬绳横振实测曲线

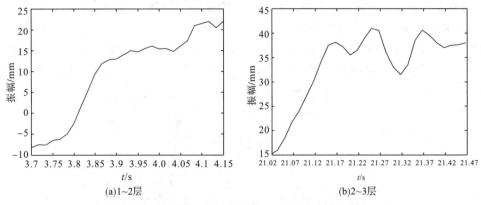

(a)1~2层　　　　　　　　　　(b)2~3层

图 5.37 南非非对称绳槽层间过渡位移-时间图

　　将层间过渡时的振动位移单独提取出来作为层间过渡平稳性的衡量标准，如图 5.37
所示。因绳槽过渡区布置型式不同，同一个卷筒换上南非对称绳槽，层间过渡的起始时间
也会稍有不同，如图 5.36 和图 5.40 所示。

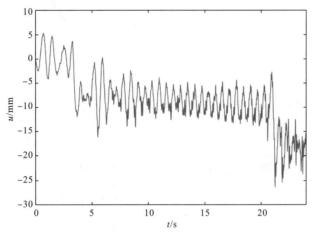

图 5.38　重大非对称绳槽激励下悬绳横振实测曲线

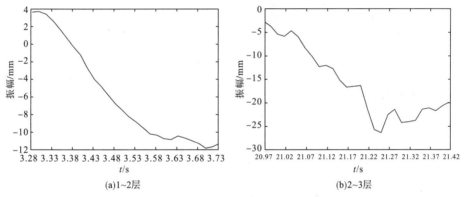

(a)1~2层　　　　　　　　　　　　　　　　　　(b)2~3层

图 5.39　重大非对称绳槽层间过渡位移-时间图

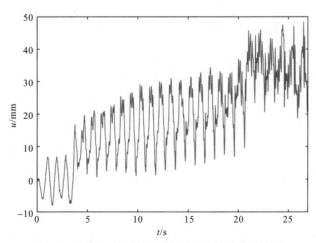

图 5.40　南非对称绳槽激励下悬绳横振实测曲线

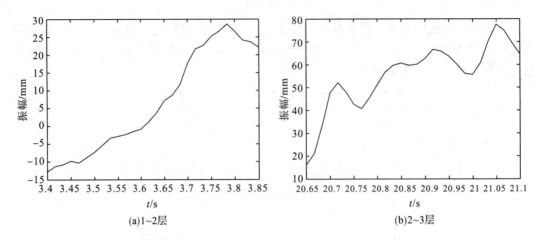

(a)1~2层　　　　　　　　　　　　　(b)2~3层

图 5.41　南非对称绳槽层间过渡位移-时间图

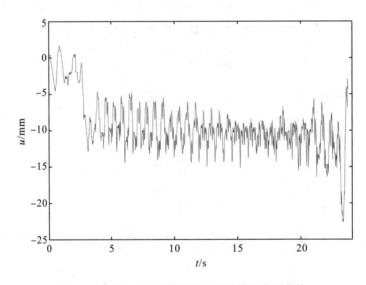

图 5.42　重大对称绳槽激励下悬绳横振实测曲线

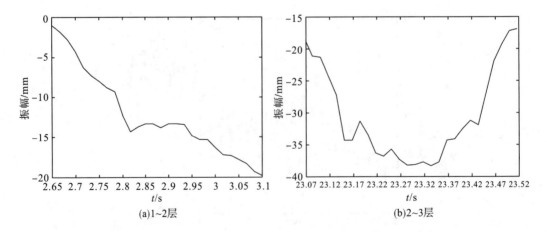

(a)1~2层　　　　　　　　　　　　　(b)2~3层

图 5.43　重大对称绳槽层间过渡位移-时间图

　　由于本书设计的 2～3 层层间过渡装置占据了第一层第一圈钢丝绳的位置导致第一层的总圈数比南非标准的绳槽多一圈，导致钢丝绳在南非标准绳槽上第三层能缠将近两圈，而在重大设计的绳槽上第三层仅能缠将近一圈，因而重大设计绳槽（均安装在右卷筒）一个提升循环只能记录 24s 左右，而南非标准绳槽（均安装在左卷筒）能记录 26s 左右。

　　图 5.36 中椭圆圈出了层间过渡位置。当提升速度为 1.8m/s 时，南非非对称绳槽 1～2 层过渡时，悬绳沿卷筒直径方向振动响应的变化值为 30.208mm，2～3 层过渡时，悬绳沿卷筒直径方向振动响应的变化值为 26mm；重大非对称绳槽 1～2 层过渡时，悬绳沿卷筒直径方向振动响应的变化值为 15.489mm，2～3 层过渡时，悬绳沿卷筒直径方向振动响应的变化值为 22.681mm；南非对称绳槽 1～2 层过渡时，悬绳沿卷筒直径方向振动响应的变化值为 41.5mm，2～3 层过渡时，悬绳沿卷筒直径方向振动响应的变化值为 61.41mm；重大对称绳槽 1～2 层过渡时，悬绳沿卷筒直径方向振动响应的变化值为 18.79mm，2～3 层过渡时，悬绳沿卷筒直径方向振动响应的变化值为 21.39mm，如表 5.6 所示。根据现场观察，钢丝绳在南非对称绳槽缠绕时，层间过渡响声较大，很重要的原因就是这套绳槽由于加工误差造成同样的层间过渡结构，层间过渡时振动响应却差别较大。

表 5.6　层间过渡时悬绳固定点处沿卷筒直径方向振动位移比较

绳槽型式	位移/mm	
	1～2 层间过渡	2～3 层层间过渡
南非非对称	30.208	26
重大非对称	15.489	22.681
南非对称	41.5	61.41
重大对称	18.79	21.39

　　综上所述，无论是对称绳槽还是非对称绳槽，钢丝绳在重大研制的层间过渡装置上缠绕时，悬绳固定点处（距离缠绕点 2500mm）沿卷筒直径方向的振动均小于南非 Lebus 层间过渡装置。钢丝绳在重大非对称层间过渡装置过渡时更平稳。

5.7　四套绳槽的综合比较实验

　　本节主要对重大研制和南非标准的绳槽及层间过渡装置进行综合比较研究，确定引发悬绳横振响应最小的绳槽及层间过渡装置。实验台安装四套不同结构的绳槽，悬绳固定点处（距离缠绕点 2500mm）横振响应的数值仿真结果与实验结果如图 5.44～图 5.47 所示。

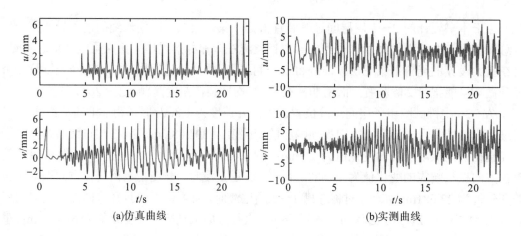

(a)仿真曲线　　　　　　　　　　　(b)实测曲线

图 5.44　重大对称绳槽激励下悬绳横振实测与仿真曲线

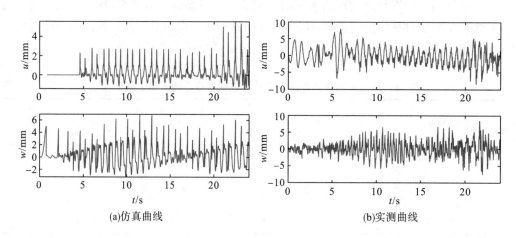

(a)仿真曲线　　　　　　　　　　　(b)实测曲线

图 5.45　重大非对称绳槽激励下悬绳横振实测与仿真曲线

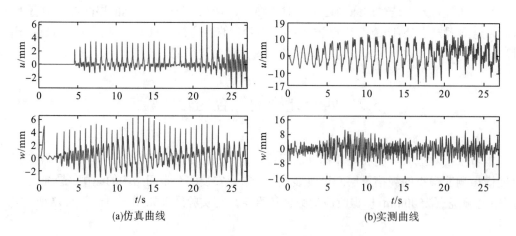

(a)仿真曲线　　　　　　　　　　　(b)实测曲线

图 5.46　南非对称绳槽激励下悬绳横振实测与仿真曲线

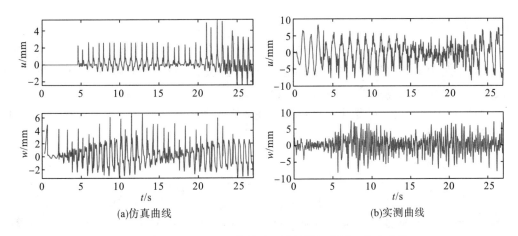

图 5.47 南非非对称绳槽激励下悬绳横振实测与仿真曲线

由图 5.44～图 5.47 可知，重大对称绳槽与南非非对称绳槽的数值仿真与实测曲线振动波形变化趋势非常接近，且仿真与实测的误差较小，因为这两套绳槽是和卷筒一起配套由中信重工加工完成的，加工误差较小；重大非对称与南非对称绳槽的数值仿真与实测曲线振动波形变化趋势有差异，且仿真与实测的误差较大，因为这两套绳槽是后来找外单位加工的，加工误差较大所致。

四套绳槽悬绳固定点处横振响应实验结果如表 5.7 所示。综上所述，无论是重大设计绳槽还是南非标准绳槽，对称绳槽引起悬绳横振响应均大于非对称绳槽，仿真和实验结果均显示：重大非对称绳槽是引起悬绳横振响应最小的绳槽。

表 5.7 不同绳槽激励下悬绳横振的最大值

	重大对称		重大非对称		南非对称		南非非对称	
	u/mm	w/mm	u/mm	w/mm	u/mm	w/mm	u/mm	w/mm
仿真	6.825	7.044	5.315	6.946	6.428	6.601	5.3825	6.744
实测	8.790	8.270	8.463	8.513	16.11	12.62	8.775	8.187
误差	22.35 %	14.82%	37.20%	18.41 %	60.10%	47.69%	38.66%	17.63%

5.8 小 结

本章根据前面章节的理论研究，结合本研究所建的"多绳多层缠绕式提升机实验平台"设计相关实验并加工了四套不同结构绳槽，用高速工业相机检测实验台安装这四套绳槽时悬绳在一个完整的提升循环中的横向振动，并根据不同的研究要求对实验数据采取了不同的处理方法，所得结论如下：

(1)实验台安装重大对称和南非非对称绳槽时的实测曲线与数值仿真变化趋势非常接近，实测频率与仿真计算频率误差为 8.72%，证明本书第 3 章建立的边界激励下悬绳理论模型是有效的。书中所建模型和悬绳横向振动测量方法可为将来超深井提升卷筒绳槽型式的选择提供可靠的理论依据。

(2)无论是对称绳槽还是非对称绳槽，钢丝绳在重大研制的层间过渡装置上缠绕时，悬绳固定点处沿卷筒直径方向的振动位移均小于 Lebus 层间过渡装置。说明本书第 4 章设计的层间过渡装置性能更优异，层间过渡更平稳。

(3)四种绳槽综合比较结果显示：钢丝绳在重大非对称绳槽上多层缠绕时，悬绳固定点处横振响应最小。

主要参考文献

[1] The Performance, Operation, Testing and Maintenance of Drum Winders Relating to Rope Safety,0294[S]. South African Bureau of Standards, 2000.

[2] 吴娟, 寇子明, 梁敏, 等. 多绳摩擦提升系统钢丝绳横向振动分析与试验[J]. 华中科技大学学报(自然科学版), 2015, 43(06): 12-16, 21.

[3] 吴娟, 寇子明, 王有斌. 落地式多绳摩擦提升系统动态特性研究[J]. 煤炭学报, 2015, 40(S1): 252-258.

[4] 吴娟, 寇子明, 梁敏, 等. 摩擦提升系统钢丝绳纵向-横向耦合振动分析[J]. 中国矿业大学学报, 2015, 44(05): 885-892.

[5] 寇保福, 刘邱祖, 李为浩, 等. 提升系统换绳过程中钢丝绳横向振动行为分析[J]. 煤炭学报, 2015, 40(S1): 247-251.

[6] 寇保福, 刘邱祖, 刘春洋, 等. 矿井柔性提升系统运行过程中钢丝绳横向振动的特性研究[J]. 煤炭学报, 2015, 40(05): 1194-1198.

[7] 姚建南. 落地摩擦提升悬绳多源耦合振动特性及故障诊断研究[D]. 徐州: 中国矿业大学, 2016.

结　束　语

　　《"十三五"国家科技创新规划》中明确提出，"十三五"期间，要在实施好已有国家科技重大专项的基础上，面向 2030 年再部署一批体现国家战略意图的重大科技项目，向深空、深海、深地进军，以此为主攻方向和突破口。所谓深地即深度超过 1000m 的地下深部空间。地下深部空间蕴藏着有着巨大开发潜力的各类矿藏。因此"向地球深部进军是我们必须解决的战略科技问题"。我国地球深部资源有效开发，特别是对于各类固体金属矿物和煤炭矿产资源的有效开发和利用，急需超深井提升装备，同时对超深矿井高速、重载、高安全的矿井提升装备提出了更高的要求。目前必须突破现有矿井(井深<1000m)提升装备设计制造和运行的基础理论和技术制约，直面超深井(井深>1500m)、高速提升(提升速度≥18m/s)、重载(终端载荷≥50t/次)、高安全等带来的科学挑战，深入研究超深矿井大型提升装备设计制造和运行的基础理论和关键技术，实现超深井提升装备设计制造和运行的基础理论及技术的突破。

　　本书在国家重点基础研究发展计划(973 计划)项目立项的支持下，以"超深矿井提升系统的变形失谐规律与并行驱动同步控制研究"(课题编号：2014CB049403)为题，针对在我国有望成为超深井提升的钢丝绳多点提升多层缠绕式组合拓扑结构提升装备面临的挑战，对相关科学和关键技术问题进行了研究，为这种提升装备的设计和运行提供了基础理论和技术支撑。

　　本书重点对多点提升多层缠绕系统的变形差异大，同步控制困难，导致设备不能正常运行的挑战提出的多点柔性提升系统的变形失谐机理与协同控制的科学问题及其相关的技术进行研究。

　　本书研究发现，钢丝绳多点提升多层缠绕式组合拓扑结构提升装备由于卷筒上设置多个缠绳区，提升钢丝绳为多根钢丝绳并实行多层缠绕，在提升缠绕过程中，钢丝绳及其钢丝绳之间由于多种因素的影响会出现钢丝绳缠绕不同步而出现缠绕误差，造成钢丝绳之间出现长度差进而引起张力差。在本书中提出并研究了多点柔性提升系统的变形失谐机理与协同控制的科学问题，同时提出了解决这些问题的技术方法。

　　防止或减小多点柔性提升系统的变形失谐和协同控制的理论和技术方法为：

　　(1)在制造多点柔性提升、多层缠绕钢丝绳前，对用于钢丝绳制造的钢丝材料和制造工艺进行精心控制，确保制成的同一批次钢丝绳的直径误差、力学性能误差符合使用要求，把在相同拉力下同一批次多根同一种钢丝绳间出现长度差控制在允许的误差内。

　　(2)精心选择和设计多点柔性提升、多层缠绕的提升机双卷筒的结构型式和钢丝绳出绳口位置的组配，可以参考本书中提出的方法。合理设计卷筒的制造工艺参数，保证控制卷筒的圆度误差、圆柱度误差、筒壁厚度误差在允许范围内，确保控制钢丝绳在提升缠绕过程中在力的作用下卷筒变形造成钢丝绳间的长度差在允许误差内。

（3）按照本书中笔者提出的卷筒绳槽及其圈间过渡区长度和非对称系数设计理论和方法，根据具体提升机卷筒直径和所选钢丝绳直径参数，设计卷筒绳槽并严格控制卷筒绳槽制造误差，就可以防止或降低钢丝绳在提升过程中钢丝绳和绳槽的摩擦磨损以及多层缠绕钢丝绳间的挤压变形造成的缠绕误差，以及防止或降低圈间过渡期间多钢丝绳不同步造成缠绕半径不同而引起缠绕钢丝绳加速度误差引起的振动造成排绳误差。

（4）根据所选的提升机卷筒直径和钢丝绳直径参数以及钢丝绳的缠绕层数，按照本书中笔者提出的层间过渡装置的设计方法设计层间过渡装置，并严格控制其制造安装误差。

多点柔性提升系统的变形失谐是众多因素单独和综合作用的结果，因此既要分而治之，又要协同控制。理论研究和实验验证都表明，综合采用以上协同控制方法就能将多点柔性提升系统的变形失谐控制在允许范围内，确保在提升过程中钢丝绳缠绕和圈间及层间过渡排绳整齐和过渡平稳，并将钢丝绳动张力差控制在10%范围内。

本书对用于超深井提升的钢丝绳多点提升多层缠绕式组合拓扑结构提升装备面临的相关科学和关键技术问题进行了研究，对超深矿井提升机的卷筒结构、绳槽结构型式及其参数、层间过渡装置等进行了全面的理论和实验研究，研究结果可为将来超深矿井提升机的设计与应用提供理论指导和参考。不足之处是由于条件所限，未能将研究成果应用于实际的超深矿井提升机设计和矿井现场，因此本书提出的理论和技术方法有待于超深矿井提升机实际设计和矿井提升实践的检验。

附　录

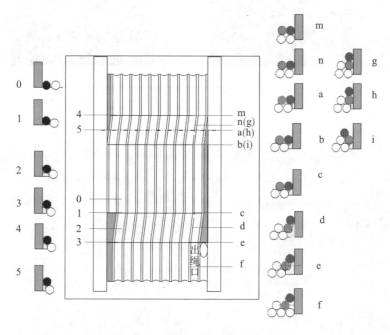

图 4.2　Lebus 绳槽层间过渡过程截面图

图 4.3　Lebus 绳槽 1～2 层抬起段立体图

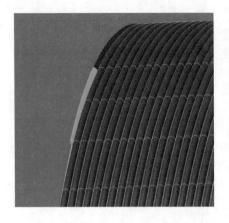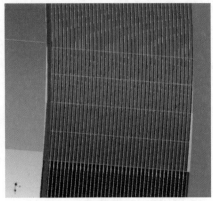

图 4.4　Lebus 绳槽 1～2 层圈间过渡段立体图

图 4.5　Lebus 绳槽 2～3 层支撑段立体图

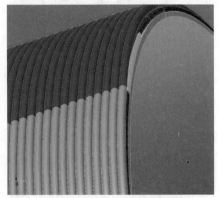

图 4.6　Lebus 绳槽 2～3 层平过渡段立体图

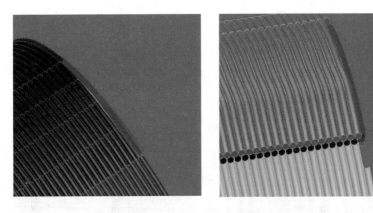

图 4.7　Lebus 绳槽 2～3 层抬起段立体图

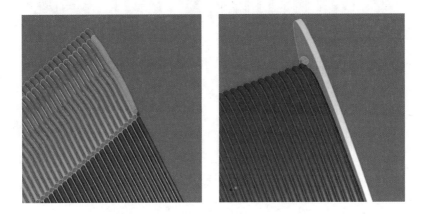

图 4.8　Lebus 绳槽 2～3 层间隙爬行段立体图

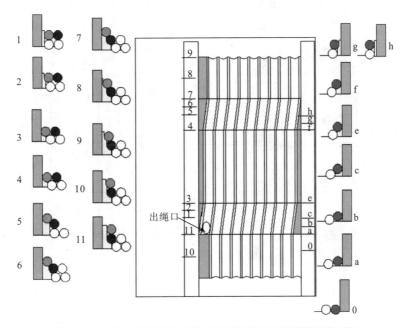

图 4.10　新提出的绳槽及层间过渡装置层间过渡过程截面图

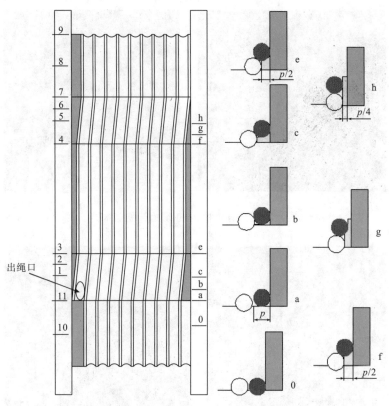

图 4.11　新提出的绳槽及层间过渡装置 1～2 层层间过渡过程截面图

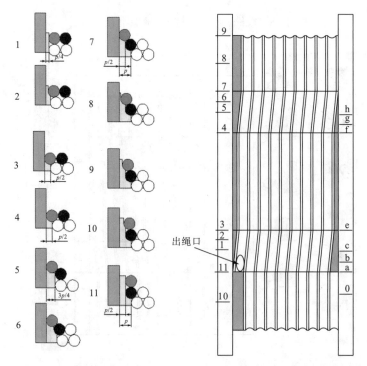

图 4.18　新提出的绳槽及层间过渡装置 2～3 层层间过渡过程截面图